AF361121

COURS DE CHIMIE AGRICOLE

COURS

DE

CHIMIE AGRICOLE

PROFESSÉ EN 1865

PAR M. F. MALAGUTI

à la Faculté des sciences de Rennes

Sous les auspices de M. le Ministre de l'Agriculture et du Commerce

ET

PUBLIÉ PAR DÉCISION DU CONSEIL GÉNÉRAL
D'ILLE-ET-VILAINE

RENNES

CH. OBERTHUR, IMPRIMEUR DE LA PRÉFECTURE

1865.

DES CONDITIONS DE DURÉE DE LA FACULTÉ PRODUCTIVE ET DE LA FERTILITÉ DU SOL.

PREMIERE LEÇON.

Coup-d'œil sur l'agriculture européenne.

Messieurs,

Le sujet que je viens vous demander d'étudier avec moi, cette année, doit vous paraître trop vaste pour quelques entretiens ; cependant, vous verrez qu'il n'en est pas ainsi, dès que je vous aurai expliqué ce que j'entends par *faculté productive* et par *fertilité du sol*.

J'entends par *fertilité* cet ensemble de conditions dont le résultat final est une récolte abondante.

Par *faculté productive du sol*, je veux désigner l'ensemble des conditions d'où dépend la durée des récoltes.

Productif est le sol qui, depuis sa surface jusqu'à la profondeur qu'atteignent les racines des plantes que nous cultivons, renferme tous les principes que ces

mêmes plantes doivent s'assimiler pour se développer.
Un sol est *fertile* lorsque, dans sa couche arable, il
offre aux plantes cultivées une nourriture suffisante
pour assurer un bon rendement.

Mais, pour que la terre ne s'appauvrisse pas à la
suite de l'affaiblissement de ces deux précieuses facultés, il faut que d'une manière quelconque on lui
rende ce que les récoltes lui enlèvent; et comme de
cette condition suprême dépend la prospérité de l'agriculture, on comprend que l'énoncé de mon cours peut
être résumé par un seul mot : RESTITUTION.

Les limites de nos études de cette année sont donc
parfaitement circonscrites; pour les atteindre, nous ne
plongerons pas nos regards dans de lointains horizons.
Nous avons simplement à examiner comment on pré-
vient l'épuisement du sol, et ensuite de quelle manière
on en entretient la fécondité.

Pour remplir cette tâche (qui pourrait paraître très-
facile), il faudra avant tout que nous nous demandions
pourquoi nos devanciers n'y ont pas suffi; pourquoi,
malgré les grands progrès accomplis, l'Europe agricole
court encore des dangers, grâce à des illusions dont
l'origine est souvent dans ces mêmes progrès.

Par caractère et par goût, je n'aime pas à en im-
poser, Messieurs. Aussi vous avouerai-je franchement
que les importantes questions que nous allons aborder
ensemble ont déjà été traitées, avec une grande supé-
riorité, par un homme à qui la postérité réserve une
place glorieuse, et dont le talent ne trouve pas aujour-
d'hui toute la justice à laquelle il a droit.

Le baron Liebig a publié, sous le nom de *Lois naturelles de l'agriculture*, un livre qui ne saurait être assez médité non seulement par les agriculteurs, mais par tous ceux qui s'occupent de grandes questions sociales. C'est en partie à cet ouvrage que j'emprunterai les principaux éléments de nos travaux : ce livre à la main, moi modeste vulgarisateur, je m'efforcerai d'insinuer dans vos esprits de bien graves et quelquefois de bien tristes vérités, sinon avec éloquence, du moins avec conviction.

La formule de la *restitution* est si simple et si naturelle que l'on se demande comment nos ancêtres ne l'avaient pas connue, ne fût-ce que par intuition. Ah ! Messieurs, je n'aurai pas de peine à les justifier. Et d'abord, dans la nécessité de fumer les terres, nécessité reconnue par la plus haute antiquité, ne trouve-t-on pas le germe de l'idée de *restitution*? Seulement, son éclosion étant entravée, contrariée par une épaisse atmosphère de préjugés et d'erreurs, il a fallu que bien des siècles s'écoulent pour que l'idée arrive au grand jour et prenne son essor. Et encore, Messieurs, cette idée a-t-elle bien pénétré aujourd'hui dans l'esprit des agriculteurs? Non malheureusement, et à plus forte raison elle ne pouvait pas l'être dans l'esprit de nos pères.

Il est inutile de remonter la chaîne des siècles et d'étaler une érudition bonne tout au plus, dans ce moment, à flatter notre vanité. Que notre pensée se transporte seulement au dernier quart du siècle précédent pour revenir jusqu'à nous, en comparant les idées agronomiques qui ont successivement dirigé l'agriculture.

De ce que les plantes s'étiolent, une fois soustraites à l'action du soleil, de la pluie et de la rosée, l'agriculteur voyait dans la lumière et l'eau les principales conditions de la fertilité des terres. Pour lui, le sol n'était qu'un soutien ne jouant d'autres rôles vis-à-vis des récoltes qu'il produit que celui de la lampe vis-à-vis de la lumière qui s'en émane. Par l'observation de chaque jour et par la tradition, il savait que le rendement de la terre augmente au moyen des fumures; mais il croyait que le fumier doit ses effets à une propriété mystérieuse que les aliments acquièrent en traversant l'organisme des animaux. Il était convaincu que le fumier ne faisait jamais défaut à celui qui savait choisir la meilleure rotation, et qui possédait une quantité suffisante de bestiaux, de façon que la fertilité dépendait, pour ainsi dire, de la volonté de l'homme; et comme il croyait que les forces productives résident dans les semences et dans le sol, il trouvait naturel que ces forces, une fois dépensées, ne pussent s'accumuler de nouveau que par le repos : tel l'animal fatigué redevient par le repos apte au travail ; mais quant à la nature de ces forces, il l'ignorait complètement.

Plus tard, on s'imagina qu'elles avaient leur siége dans l'humus qui, par cela même, en devenait l'excipient, le véhicule ; dès lors toute terre riche en humus devait être fertile ; et, puisque l'abondance de cette espèce de fumier végétal dépendait autant des fumures que d'une exploitation intelligente, on avait fini par fondre en une seule les deux idées distinctes de *fertilité* et d'*humus* ; le cultivateur qui savait produire le plus de cette précieuse substance était le plus capable.

Dans cet ordre d'idées, l'habileté seule du cultivateur devait réveiller la force productive du sol, dont les effets, manifestés par l'augmentation des rendements, se produisaient seulement après que certains éléments organiques avaient contribué, sous la forme d'humus, d'abord à la vie des plantes, et puis, sous la forme de matière végétale, à la vie des animaux ; et comme ces phénomènes se reproduisaient sur les terres les plus différentes, aussi bien sur le granit que sur le basalte, sur le calcaire comme sur le sable (le soleil et l'eau intervenant), on en concluait que la force productive était partout, et que pas une miette de terre, quelle que fût sa nature, n'en était dépourvue.

Ainsi donc la fertilité et la stérilité étaient solidaires de la présence ou de l'absence de l'humus.

Cependant, on remarquait que certaines substances minérales, telles que la marne, le plâtre, la chaux, donnaient lieu à de belles récoltes, quoiqu'elles ne continssent pas la moindre parcelle d'humus. Pour expliquer leur action, on les considéra comme des stimulants, on les assimila, sans s'en douter, aux épices, au sel de cuisine, qui, en donnant de la sapidité aux aliments, les rendent plus agréables au goût et plus faciles à digérer. Le rôle des stimulants étant bien déterminé, celui de l'humus n'en continuait pas moins à être le plus important, et le fumier restait toujours la clef de voûte de l'agriculture. Le but suprême du cultivateur était donc de produire du fumier, et comme celui-ci provient des fourrages, les cultures fourragères furent en grand honneur, puisque c'est d'elles que dérive la viande et le fumier producteur du blé. Et comme une terre qui se refusait à donner du blé en rendait, au contraire, après avoir fourni des fourrages, on en concluait que les cultures fourragères amélioraient le sol, tandis que les céréales et certaines plantes industrielles l'appauvrissaient. Lorsque les rendements en céréales et en fourrages du même champ commençaient à diminuer, on disait que le champ était fatigué et malade : alors on prétendait le fortifier au moyen de fumier, le guérir au moyen de stimulants. C'est ainsi qu'on se faisait d'un seul phénomène deux idées parfaitement distinctes. Dans un cas, c'était un défaut de certaines substances; dans l'autre, une perversion de la force productive; mais l'idée que la plante est un être vivant, qui a des exigences particulières, ne se présentait jamais à l'esprit. L'ignorance de ce fait fondamental ne permettait pas que l'on s'aperçût de la diminution générale des rendements, car lorsque la fertilité diminuait quelque part, on en attribuait la cause à l'incapacité du cultivateur ou à la pénurie du fumier; comme conséquence nécessaire de cette opinion erronée, on en était venu à croire que toutes les terres pouvaient produire les mêmes récoltes, pourvu qu'elles fussent fumées et intelligemment cultivées.

Dans un pareil état d'idées, on s'explique le peu de

succès qu'eurent auprès des praticiens les importantes découvertes et les remarquables travaux de quelques savants tels que de Saussure et Davy. C'étaient des éclairs qui ne perçaient pas la nue ; c'étaient des lumières qui éclairaient des aveugles. Et les praticiens croyaient bien connaître les rapports entre les fourrages, le fumier et les récoltes, en adoptant comme sacramentelles certaines formules, n'ayant de valeur en réalité qu'autant qu'on les appliquait aux localités où les faits d'où elles découlaient s'étaient accomplis. On s'imaginait avoir habillé l'agriculture en science, en attribuant des qualités absolues aux fourrages et aux fumiers, et en exagérant jusqu'à l'absurde la notion des *équivalents*. Ainsi le foin, quelle que fût la nature de la terre, devait être le même partout et produire toujours une quantité équivalente de viande et de fumier, lequel fumier devait, à son tour, fournir une quantité équivalente de blé. Et lorsque les déceptions commencèrent à arriver en grand nombre, on s'en prit à l'impéritie du cultivateur et point à l'ignorance de la nature du sol et des exigences spéciales des plantes qu'on y cultivait.

C'est ainsi que l'on vit, avant 1840, certains publicistes dicter les lois à de vastes contrées agricoles, en leur disant, avec un grand sérieux : Telle substance prétendue fertilisante ne l'est pas, puisqu'elle a été inefficace sur mes terres. — Ce langage doctoral condamnait de nombreux cultivateurs, qui ne demandaient pas mieux que de s'instruire, à méconnaître les services que leur auraient rendus certains engrais, si on les avait employés, en tenant compte de l'altitude, de la latitude, du climat, de la nature chimique, physique, géognostique du sol.

Dans de pareilles conditions, la vraie science ne pouvait trouver d'accueil nulle part, car on se défiait, avec raison, des théories en vogue, qui, fallacieuses par leur essence, aboutissaient aux déceptions. En attendant, la place occupée par une pratique aussi prétentieuse qu'ignorante s'élargissait tous les jours et reculait ses limites.

Cependant, l'heure des revers approchait; l'ancienne richesse des terres ne pouvait pas être inépuisable, et comme on n'avait jamais rien fait pour l'entretenir, elle dut nécessairement s'amoindrir : la pénurie approchait à grands pas ; les fourrages cessèrent de réussir, l'humus parut frappé d'impuissance et une abondante production de fumier ne couronna plus les efforts des plus habiles praticiens. L'alarme était partout, lorsque l'emploi du plâtre et de plus forts marnages vinrent augmenter de nouveau le rendement des fourrages et inspirer une nouvelle sécurité qui ne devait pas être de longue durée.

En effet, quelques années plus tard, les terres redevinrent rebelles, et le niveau des récoltes baissa de nouveau. L'anxiété reparut, et alors seulement on commença à demander à la science la solution du problème de la durée des récoltes, solution que l'on devait trouver dans la connaissance plus exacte, plus profonde de la nature du sol et des exigences des plantes.

Mais n'anticipons pas sur les faits et voyons ce que répondit la science à ce cri suprème de l'agriculture.

Dans ce temps là, on connaissait déjà l'influence de l'air sur le développement des végétaux. L'acide carbonique de l'atmosphère est absorbé par les plantes qui, par leurs parties vertes et sous l'influence solaire, le décomposent, en retiennent le carbone et en dégagent l'oxygène. Ainsi, pour les 4/10^{cs} de la masse d'une plante, on en connaissait l'origine, c'était l'acide carbonique ; mais l'incertitude était grande à l'égard de l'origine de l'hydrogène et de l'azote, éléments qui, avec l'oxygène et le carbone, constituent toute la partie organisée et par conséquent destructible des végétaux.

En revanche, on ne doutait plus que les parties minérales, constituant les cendres, ne fussent des éléments indispensables à l'existence et au développement des plantes. On se mit alors à analyser les terres arables, et l'on vit que celles où certains principes minéraux faisaient défaut ne pouvaient fournir de récoltes contenant une certaine proportion de ces mêmes principes.

Cette découverte fut déjà une sorte de révélation, car en la prenant pour point de départ, on parvint, de déduction en déduction, à reconnaître que les matières minérales jouent, dans l'alimentation des plantes, le même rôle que le pain et la viande chez l'homme, que les fourrages chez les animaux.

Dès ce moment, l'action du fumier devint facile à expliquer, grâce au concours de la physiologie.

Les aliments introduits dans l'organisme humain

subissent une véritable combustion plus ou moins complète, et ils se comportent comme du bois qui serait mis dans un poêle allumé. De même que toute la portion du bois dont les éléments proviennent de l'air se transforme, en brûlant, en acide carbonique, eau et chaleur, et que tout ce qui échappe à la combustion reste sous la forme de cendre et de suie, de même les parties organisées du pain et de la viande, sous l'influence des fonctions nutritives, se transforment en grande partie en acide carbonique, eau et chaleur ; les déjections peuvent être assimilées à la cendre et à la suie du bois. L'urine et les excréments solides de l'homme se composent des principes minéraux des aliments, plus les portions de ces mêmes aliments qui, incomplètement brûlées, sont à la masse excrémentielle ce que la suie est à la cendre.

De la connaissance de la véritable nature des excréments humains à celle des déjections des animaux, la transition était facile, et l'on comprit que ces dernières servaient à restituer au sol arable les matériaux que les récoltes lui avaient enlevés. Mais on ne tarda pas non plus à comprendre que le fumier d'étable (mélange de déjections et de paille) produit exclusivement dans l'exploitation ne peut suffire à en entretenir indéfiniment la fertilité, puisqu'il ne lui restitue pas ce qu'on en exporte sous la forme de blé et de viande.

L'agriculture moderne doit donc aux sciences la connaissance de cette vérité qu'un seul mot résume : *restitution;* et à ceux qui ont le parti pris de dédaigner superbement ce qu'ils appellent la théorie, j'adresserai le défi de me contester que, sans le concours des sciences, l'agriculteur n'aurait jamais découvert que sa puissance sur les champs est une pure présomption ; qu'une récolte rémunératrice dépend moins de son habileté que de la composition du sol et que c'est uniquement le sol qui choisit les cultures. Grâce aux lumières répandues par les sciences sur les questions agricoles, tout cultivateur peut, s'il le veut, se convaincre que son habileté ne peut réellement servir qu'à interpréter le langage de ses champs, à découvrir les défauts, à écarter les obstacles qui s'opposent à ce que ses soins soient convenablement rémunérés.

Voilà, Messieurs, où en sont venues les choses dans l'espace de vingt-cinq ans. La révolution a été complète. D'abord, on croyait que les plantes se nourrissaient de substances organisées, ou du moins de substances qui, en traversant l'économie vivante, ont été appropriées par les forces vitales à devenir la nourriture des végétaux. Plus tard, l'on admit et l'on admet encore aujourd'hui que les aliments des plantes sont de nature minérale, car les quatre principes qui constituent les tissus organisés (oxygène, hydrogène, carbone, azote) et les principes qui, associés aux tissus, les complètent en les rendant susceptibles d'activité organique, ces principes, dis-je, le phosphore, le soufre et un certain nombre de métaux, appartiennent tous à la nature minérale.

Tous les faits agricoles trouvent donc à présent leur explication dans la théorie dite *minérale*, par opposition avec l'ancienne théorie dite *végétale*. Mais, pour bien comprendre cette théorie dominante qui modifie radicalement toutes les idées sur les éngrais et sur leur mode d'agir, il importe de connaître les principales phases de son développement.

Les aliments de toutes les plantes sont des substances minérales. En effet, il n'entrera dans l'esprit de personne l'idée de considérer autrement que comme des produits de nature inorganique l'ammoniaque, l'eau, les acides carbonique, phosphorique, silicique, sulfurique, la chaux, la magnésie, la potasse, la soude, les oxydes de fer et de manganèse. Plusieurs de ces principes appartiennent essentiellement à l'air et d'autres à la terre; aussi y a-t-il entre l'air, la terre et la plante une solidarité telle que s'il venait à manquer l'un des éléments de la terre ou de l'air, d'où dépend la transformation de la matière inorganique en substance susceptible d'activité organique, la plante ne pourrait plus exister. D'après ces principes, dont nous réservons le développement pour plus tard, on voit que le fumier et toutes les déjections animales n'influent sur la vie du végétal que par les produits de leur décomposition, c'est-à-dire par l'acide carbonique qui provient de leur carbone, par l'ammoniaque ou l'acide azotique qui dérivent de leur azote, par tous les éléments terreux fixes qui constituent leurs cendres.

Voilà les principes sur lesquels s'appuie la théorie minérale. Voyons maintenant de quelle manière ils se sont succédés et comment ils sont parvenus à former un corps de doctrine.

Depuis les célèbres expériences de de Saussure, on

croyait que les plantes sauvages empruntaient leur
carbone à l'acide carbonique, et que les plantes cultivées l'empruntaient à l'humus; mais en rapprochant
les phénomènes de la vie végétale des fonctions principales de la vie animale et de la composition invariable
de l'air, Liebig a reconnu dans la circulation de l'oxygène la source unique du carbone des plantes. Par
circulation de l'oxygène, ce savant veut dire que le
composé de carbone et d'oxygène qu'expirent les animaux, et qu'on nomme acide carbonique, passe par la
plante pour y déposer son carbone, tandis que l'oxygène rentre dans l'air pour servir à l'entretien de la
vie animale et redevenir, par conséquent, acide carbonique que la plante décomposera de nouveau plus tard.

C'est donc à Liebig que l'on doit la connaissance
certaine que le carbone, c'est-à-dire l'élément fondamental de l'organisation des tissus, provient exclusivement de l'acide carbonique, peu importe que ce composé fasse partie de l'air ou qu'il provienne de la
décomposition des fumiers.

Nous devons encore à ce même illustre chimiste
l'autre connaissance également fondamentale que l'azote
des plantes provient directement de l'ammoniaque; en
effet, ce savant a le premier signalé ce fait important
que les derniers produits de décomposition des substances organiques azotées sont l'ammoniaque et l'acide
carbonique. Or, l'ammoniaque qu'une plante absorbe
se transforme, dans la plante elle-même, en matière
alimentaire azotée, laquelle, absorbée à son tour par
les animaux, en sort par les voies urinaires, sous la

forme d'urée, composé qui passe rapidement à l'état de carbonate d'ammoniaque. Ainsi donc, l'azote, en passant tour à tour de l'état d'urée à l'état de carbonate d'ammoniaque et de l'état de carbonate d'ammoniaque à celui d'urée, accomplit une circulation moins simple que celle de l'oxygène, mais non moins douée du caractère de perpétuité. Répétons-le encore une fois : l'oxygène uni au carbone passe de l'air dans la plante, quitte le carbone et rentre dans l'air. L'azote, sous la forme d'ammoniaque, entre dans la plante, où il se transforme en substance alimentaire, passe dans l'économie animale, et de là il rentre dans l'air sous la forme d'urée, pour passer bientôt à l'état de carbonate d'ammoniaque.

Oui, Messieurs, l'azote circule aussi bien que l'oxygène.

Théodore de Saussure proclama, dans le premier quart de ce siècle, que le phosphate de chaux était nécessaire au développement des plantes. Il aurait pu établir également, et d'une manière péremptoire, qu'il en était de même de la chaux et de la magnésie, si au lieu de se borner à l'analyse de deux plantes ligneuses, il avait examiné les plantes alimentaires cultivées ; car, dans ce dernier cas, il aurait vu que pour chaque espèce la composition des cendres est à peu près constante et que l'acide phosphorique, la potasse, la chaux et la magnésie se trouvent dans un rapport non moins constant avec les matières plastiques.

Les affirmations de de Saussure n'impressionnèrent pas beaucoup les agriculteurs. Il en fut de même des déclarations de Sprengel sur la nécessité de la présence des alcalis et des terres alcalines dans l'économie végétale. On n'y fit pas attention, parce que de Saussure ayant démontré que les racines peuvent extraire les sels solubles des dissolutions salines, la présence d'un principe dans une cendre ne prouvait pas sa nécessité.

Ce n'est qu'après avoir reconnu la relation de différentes matières minérales avec certains phénomènes de l'organisation végétale, que l'on a pu affirmer avec certitude que les principes constituants des cendres sont aussi nécessaires à l'existence et au développement des plantes que l'acide carbonique et l'ammoniaque. Ainsi, pour donner un exemple, les tissus cellulaires ne peuvent se former qu'avec le concours de la chaux ; sans acide phosphorique, les principes quaternaires, comme l'albumine, ne peuvent se produire ; sans potasse, point de sucre, etc., etc.

La solidarité nécessaire entre certains principes minéraux et la formation des tissus apparaît également évidente lorsqu'on rapproche les phénomènes de la vie végétale de ceux de la vie animale. Qu'on vienne à supprimer l'acide phosphorique, ou la chaux, ou le sel marin dans la nourriture d'un jeune animal, on le verra devenir rachitique ou s'étioler. Si les substances minérales sont indispensables aux animaux, pourquoi ne le seraient-elles pas aux végétaux ?

Vous le voyez, Messieurs, avant que la vérité soit devenue évidente, il a fallu, non seulement le concours de savants distingués, mais de longues années d'observations exactes et délicates.

Avant d'examiner de quelle manière cette théorie est comprise par la grande majorité des praticiens, il importe de voir si les faits qui se sont accomplis dans le passé, en d'autres termes, si l'histoire l'infirme ou la sanctionne; car, si cette théorie est bonne, partout où la pratique l'a méconnue, l'agriculture a dû déchoir.

N'allez pas croire, Messieurs, que je veuille vous faire l'histoire de l'agriculture dans l'antiquité ; je n'en ai ni le temps ni les moyens. Je veux seulement vous faire remarquer que la décadence des nations a toujours été précédée par la décadence de l'agriculture, et que celle-ci a été le résultat inévitable et fatal de la non restitution au sol des principes minéraux que les récoltes lui enlevaient.

Pour me faire bien comprendre en peu de mots, il faut que j'admette, et personne ne le contestera, que quand un homme ne trouve plus chez lui de quoi vivre, il va le chercher ailleurs. Ce qui est vrai pour un homme est également vrai pour un peuple, et si, pour réussir, la violence leur est nécessaire, l'un devient brigand, l'autre conquérant. Un peuple ne quitte le sol natal que lorsqu'il ne peut plus s'y nourrir, ce qui revient à dire qu'il ne le quitte que lorsque le sol est épuisé ou ne donne plus de produits suffisants pour en alimenter les habitants.

Sept siècles avant l'ère chrétienne, les Grecs émigrèrent vers les bords de la mer Noire et de la Méditerranée; ils laissèrent derrière eux des terres qui n'étaient plus aussi fécondes que quelques siècles auparavant.

Lors de l'apparition des Romains, l'agriculture de l'Italie était moins prospère que du temps des Latins et des Samnites. Dès que les Romains, maîtres du monde, furent obligés de demander leurs subsistances aux provinces conquises, la décadence de leur grandeur ne tarda pas à se manifester, et lorsque la ruine de leur puissant empire fut consommée, le sol de l'Italie se trouva tellement épuisé que, dans certaines contrées, le retour de la fertilité est devenu impossible.

Du temps des Empereurs romains, l'Espagne était le pays le plus fertile et le plus peuplé de l'Europe. Tarragone, qui aujourd'hui compte à peine 15,000 âmes, en comptait jadis un million. Dès que les Maures furent expulsés, les greniers de blé commencèrent à se dégarnir; deux siècles plus tard, ils étaient vides; mais aussi la décadence espagnole était déjà commencée, et l'or de l'Amérique ne put en ralentir le progrès.

Le sol américain offrit à ses conquérants une fertilité prodigieuse; aujourd'hui, il n'y a vraiment de terres fertiles dans le Nouveau-Monde que les terres vierges.

Est-ce à dire que les cultivateurs avaient manqué à l'Italie, à la Grèce, à l'Espagne, à l'Amérique? Non. Les pères avaient légué leurs procédés aux fils, mais ces procédés avaient perdu leur efficacité, parce qu'ils étaient pratiqués sur des terres appauvries. Labourer et fumer ne suffisaient plus et ne pouvaient réellement plus suffire, attendu que les labours n'ajoutent rien au sol et que les fumiers ne peuvent y réintégrer que ce qui se trouvait dans les récoltes dont s'étaient nourris les animaux : ce qui avait servi à la nourriture de l'homme était perdu à jamais pour la terre cultivée.

Avant d'arriver à vous dire que la cause de la ruine des anciens empires n'existe pas moins aujourd'hui et qu'elle menace l'Europe, laissez-moi vous montrer que là où cette cause n'existe pas et où elle n'a jamais existé, la fertilité du sol, ainsi que la puissance des nations, ne se sont jamais amoindries.

DEUXIÈME LEÇON.

Suite du coup-d'œil sur l'agriculture européenne.

Messieurs,

Dans le fond de l'Asie, entre le 30e et le 45e degré latitude nord, il existe une contrée offrant les différents climats qui se partagent la région comprise entre l'Allemagne centrale et la Lombardie. Le terrain en est d'origine volcanique; les montagnes se composent d'une argile brune moyennement grasse ; le sol des vallées est meuble jusqu'à la profondeur de 4 à 5 mètres, et repose sur une couche imperméable d'argile, circonstance qui permet de le transformer à volonté en marais temporaires, en profitant des nombreux cours d'eau qui le sillonnent dans tous les sens.

Depuis les temps historiques, la fertilité de cette contrée, dont l'étendue n'est pas supérieure à celle de la Grande-Bretagne, et dont la population en est beaucoup plus nombreuse, ne s'est jamais démentie, malgré l'absence complète de sociétés d'agriculture, de comices agricoles, de fermes-écoles, de littérature agraire, et, ce qui est encore plus surprenant, sans le concours de bétail et, partant, de fumier d'étable, enfin sans la moindre importation de guano, de phosphates d'aucune sorte, de salpêtre ou de tourteaux. Ce pays est le Japon.

Comment ce peuple, si éloigné de notre civilisation, a-t-il pu résoudre un problème dont la difficulté n'a pas encore été vaincue par la science européenne? Comment parvient-il à tirer de ses champs des récoltes toujours abondantes sans en amoindrir la fertilité, et cela depuis trente à quarante siècles? La réponse est facile, Messieurs. C'est en respectant *la loi de restitution*, respect traditionnel, dont le sentiment profondément enraciné dans les mœurs est devenu une sorte d'instinct.

Nous autres Européens, qui ne comprenons la restitution complète qu'au moyen du fumier, nous devons être curieux de savoir comment cela peut se faire où il n'y a pas de bétail. Disons d'abord que l'agriculteur japonais n'a pas de bétail, parce qu'il ne boit pas de lait et ne mange ni viande, ni fromage; sa religion le lui défend: c'est à peine s'il possède des moutons, en vue d'en utiliser la laine. De plus, toute la terre appartient au prince et aux grands du pays, qui l'ont donnée en fief et en arrière-fief à la noblesse inférieure. Mais comme les nobles ne peuvent pas pratiquer l'agriculture, ils louent leurs fiefs par parcelles, dont les plus considérables ont rarement une surface de 3 hectares ; cette surface, souvent coupée par des fossés d'irrigation et d'écoule-

ment, n'est pas assez vaste pour y occuper avantageu-
sement un animal de trait. Malgré cela , l'agriculteur
japonais ne connaît pas d'ensemencement sans engrais,
et il n'a pas la moindre idée de notre fameux aphorisme :
*Beaucoup de fourrages, beaucoup de bétail; beaucoup
de bétail, beaucoup de fumier; beaucoup de fumier,
beaucoup de grains.*

Voici , Messieurs , comment raisonne le Japonais :
« Les principes qui constituent une récolte proviennent,
dit-il, en partie du sol et en partie de l'air ; ces derniers
se réintègrent dans la terre par le jeu régulier des forces
naturelles; mais les autres, il faut les y introduire pour
en entretenir la fertilité. L'homme, se nourrissant de la
plus grande partie des récoltes (blé , légumes , fruits),
rend, dès qu'il a atteint tout son développement, rend,
dis-je , *sous la forme de déjections*, tout ce qu'il a absorbé SOUS LA FORME D'ALIMENTS. Les déjections, con-
tinue-t-il , ne représentent pas la récolte entière d'où
elles proviennent , mais seulement cette partie qui dérive du sol, et qui , rendue au sol , permet à celui - ci
de produire de nouvelles récoltes avec le concours de
l'air, concours qui ne fait jamais défaut. » Il conclut de
ce raisonnement que celui qui consomme la récolte peut
devenir lui-même un producteur d'engrais.

C'est donc en utilisant les excréments humains que
le cultivateur japonais se passe de bétail et de fumier,
ne manque jamais d'engrais , et entretient, depuis un
temps immémorial, la fertilité de ses terres. On se fait
difficilement une idée du soin que ce peuple met à mé-
nager ce que nous gaspillons avec tant d'insouciance.

Nulle part, ni dans les villes, ni dans les campagnes,
on ne trouve d'excréments par terre, car à peine répan-
dus, ils sont recueillis, ou bien on empêche de les répandre en mettant des appareils à la portée des passants,
qui ne manquent jamais d'en profiter.

Ce qui met en relief le sens agricole des Japonais, en
dehors de toute instruction spéciale, c'est qu'ils com-
prennent parfaitement que les déjections humaines
seules ne peuvent pas suffire à une restitution complète, attendu qu'il est impossible d'en éviter une perte;
sans compter que le respect dû aux tombeaux implique
aussi une déperdition à laquelle il faut parer autrement
que par les moyens ordinaires.

En effet, les excréments ne constituent pas le seul
engrais employé au Japon dans la culture des champs;
on y associe d'autres produits qui n'ont pas été enlevés
au sol, et qui représentent une importation auxiliaire de
matières fertilisantes. .

Le Japonais, autorisé par sa religion, absorbe une
quantité notable de poissons, d'où provient un contin-
gent d'engrais dont l'origine est entièrement étrangère
aux terres cultivées.

Il prépare aussi des *composts*. La paille hachée, les
balles, les excréments des animaux de bât ramassés
sur les routes, le collet et les feuilles des plantes-
racines, tous les déchets des champs et de la maison,
les écailles de mollusques et les coquilles d'escargots
sont mélangés soigneusement avec un peu de terre de
gazon, disposés en forme de petits silos, puis humectés
et recouverts d'un toit de paille. De temps en temps,

on humecte et on retourne le tas, dans lequel la putréfaction se déclare rapidement, sous l'influence des rayons solaires.

Une circonstance particulière vient en aide au cultivateur japonais, pour mieux utiliser ses engrais : il fume chaque plante isolément. Quand il veut ensemencer son champ, il ouvre des sillons, où il dépose la graine à la main; il recouvre ensuite celle-ci d'une mince couche de compost finement divisé, et il termine en l'arrosant avec de la matière fécale étendue de beaucoup d'eau.

Remarquez bien ceci, Messieurs : Le Japonais ne cultive jamais un produit sans engrais; il ne donne à chaque semis ou à chaque plante que la quantité d'engrais qu'il lui faut pour son développement complet, et il ne se préoccupe nullement d'enrichir son sol pour l'avenir. Comme il fume pour chaque culture et que l'idée de la jachère lui est inconnue, il est forcé de répartir sa production annuelle d'engrais sur toute la surface de son champ, ce qui ne lui est possible qu'en faisant des semis en lignes et qu'en appliquant la fumure isolée.

Il faut consulter les voyageurs qui ont visité le Japon pour se convaincre que nulle part ailleurs on ne trouve la preuve plus frappante d'une circulation complète des forces naturelles. L'engrais humain sort soir et matin des villes, pour y revenir peu de temps après sous la forme de fèves, de carottes, de blé. Le matin, de bonne heure, dit le docteur Maron, membre de l'expédition prussienne dans l'Asie-Orientale, des milliers de barques

surchargées de seaux remplis de déjections déjà fer-
mentées, parcourent les canaux des villes et vont distribuer ce produit bienfaisant au loin, dans l'intérieur
du pays. Il existe un véritable service postal pour cet
engrais, avec ses départs et ses arrivées réguliers. Le
soir, on rencontre de longues files de coolies qui, le
matin, ont amené en ville le produit de leurs terres, et
retournent chez elles chargées de deux seaux d'engrais à l'état où il se trouve naturellement dans de
bonnes latrines. Les innombrables chevaux de bât,
qui sont venus de 80 à 100 lieues amener dans la ca-
pitale les produits des diverses industries, s'en vont
chargés de corbeilles ou de seaux contenant des matières fécales qui, en ce cas, sont à l'état solide.

Je m'arrête, Messieurs, pour ne pas trop fatiguer
votre attention par des détails qui, sans être étrangers
à mon sujet, n'en constituent pas le point principal.
En vous entretenant quelque peu de l'agriculture ja-
ponaise, j'ai voulu vous montrer premièrement qu'elle
doit sa prospérité au respect pour ainsi dire instinctif
qu'elle professe pour la *loi de restitution;* secondement,
que l'observation fidèle, constante, plénière de cette
loi coïncide avec la stabilité immémoriale de la nation.
Un nouvel exemple de cette stabilité à laquelle malheureusement nous sommes peu habitués, on le trouve
dans l'histoire du plus grand empire du monde, la
Chine. Depuis des milliers d'années, nous voyons ce
peuple s'accroître régulièrement, sauf les arrêts mo-
mentanés occasionnés par les guerres civiles; mais
aussi dans aucune partie de cette vaste contrée le sol

n'a cessé d'être fertile et d'être sans cesse réintégré dans ce que les récoltes lui enlèvent tous les ans.

J'aurais trahi ma pensée si je vous avais fait croire que la décadence d'une nation tient uniquement à l'appauvrissement du sol. Il n'y a pas de phénomène naturel qui soit le résultat d'une seule cause. Néanmoins, si les circonstances qui déterminent une grande catastrophe sociale sont multiples et variables, il n'en est pas moins vrai que l'épuisement de la terre les accompagne toujours.

Les masses imputent d'ordinaire les événements de la vie à une seule cause : si le pain est cher, c'est la faute des boulangers; si le choléra sévit, c'est à cause des méchants qui empoisonnent les fontaines. Les hommes d'Etat ne raisonnent pas autrement, lorsqu'ils rattachent les événements politiques, les mouvements populaires et même les révolutions à l'influence de personnages dont les actes ne sont, en définitive, que des symptômes d'une situation qu'ils n'ont pas créée. Il faut se persuader que les commotions politiques, quelque grandes qu'elles soient, ne modifient pas la nature de la terre. Dès que le calme revient, le sol, rendu stérile, redevient productif si on recommence à le cultiver. Quand la décadence d'un peuple persiste et progresse malgré le retour de l'ordre et de la tranquillité, c'est que la constitution du sol s'est altérée, c'est que la fertilité de la terre s'est affaiblie.

Soyez bien convaincus que les grandes émigrations qui se sont accomplies sous nos yeux, que l'exode de l'Irlande, par exemple, n'a pas eu pour cause unique l'administration partiale de ce pays ou la cupidité des propriétaires du sol. Si les cultivateurs irlandais avaient pu, comme les fermiers anglais, acheter les engrais nécessaires pour obtenir de bonnes récoltes, ils n'auraient pas quitté leur patrie, malgré les injustices du gouvernement et les duretés des propriétaires. Le courant d'émigrants qui s'est établi entre l'Europe et l'Amérique est déterminé principalement par la faim; les causes politiques viennent après. Tant que les Japonais et les Chinois cultiveront leurs terres comme ils l'ont fait jusqu'à ce jour, ils n'émigreront ni de leur gré, ni par la violence de la conquête; car, dans ces deux contrées, il y a du pain pour les conquérants et pour les conquis.

Un fait est certain, c'est que les nations dont la stabilité est devenue proverbiale, ont une agriculture qui a pour base la restitution complète de tous les principes nutritifs que les récoltes enlèvent au sol. Les nations, au contraire, chez lesquelles il n'y a de permanent que le malaise et le besoin de changement, ont une agriculture qui repose sur la soustraction incessante des éléments auxquels les terres arables doivent leur fertilité.

Ayons le courage de le dire : l'Europe appartient à cette dernière catégorie, et il me sera facile de vous le démontrer. Pour être mieux compris, je m'en tiendrai pour le moment à la France.

Chez nous, le cultivateur qui porte au marché la plus grande quantité de blé et de viande sans avoir acheté beaucoup d'engrais passe pour le plus habile, et chacun vante son adresse. Cependant, quel est l'homme sérieux qui puisse admettre qu'une pareille pratique n'aura pas de conséquences désastreuses? Ce cultivateur si habile, s'il n'est pas de mauvaise foi, doit croire nécessairement que la fertilité du sol est inépuisable; or, transportons-nous à l'époque où cette opinion était générale et, pour ne pas trop nous éloigner, arrêtons-nous à la dernière moitié du XVIIIe siècle. Voyons quel était l'état de l'agriculture.

« A part un foin acide et de mauvaise qualité, dit
» Schubert, le propagateur de la culture du trèfle, le
» cultivateur n'avait d'autre fourrage d'hiver qu'un peu
» de navets, de carottes, de choux et de pommes de
» terre, et le tout en faible quantité, car les terres ne
» voulaient plus rien donner. Cette nourriture parci-
» monieuse était distribuée avec plus de parcimonie
» encore, et, une fois consommée, le bétail devait se
» contenter de paille d'orge, d'avoine et de pois. Aussi
» le lait, le beurre et le fromage étaient-ils peu abon-
» dants et de mauvaise qualité. On attendait avec im-
» patience le printemps pour avoir un peu de froment
» vert et pour envoyer le bétail sur des pâtures où
» l'herbe avait à peine un pouce de hauteur, et d'où
» les animaux revenaient aussi affamés qu'ils y étaient
» allés, et dans un état semblable à celui des vaches
» maigres que Pharaon vit en songe. »

Voilà le tableau de l'agriculture de ce temps où l'on croyait à la fertilité inépuisable du sol, où l'on était persuadé que si un champ ne rendait pas, c'est que celui qui le cultivait ne savait pas le faire rendre. C'est là qu'arrivera encore une fois notre agriculture actuelle, si nous n'y prenons pas garde, malgré l'amélioration qu'elle a éprouvée depuis une trentaine d'années.

Demandons-nous maintenant pourquoi l'agriculture de nos devanciers a échappé à la ruine et s'est améliorée relativement jusqu'au point où elle en est de nos jours.

Plusieurs causes s'opposèrent à sa ruine : l'emploi du plâtre qui, en augmentant la production du trèfle, rendit plus abondante celle du fumier; l'introduction de la pomme de terre, tubercule approprié à des terres épuisées par le froment; l'emploi du guano, engrais qui, en se substituant jusqu'à un certain point au fumier, en rendait moins désastreuse la pénurie. Je ne parlerai pas du noir animal, quoique son usage en agriculture ait précédé celui du guano. La quantité dont les cultivateurs du continent ont disposé jusqu'à 1842, époque de l'apparition du guano sur nos marchés, a été trop faible pour exercer une influence sensible sur l'agriculture de vastes contrées.

En France, et en général dans le centre de l'Europe, la terre épuisée par le système triennal, suivi depuis des siècles, venait de recouvrer ses facultés productives aux dépens du sous-sol, grâce à la nouvelle culture du trèfle et à une extension plus grande donnée à la culture des plantes fourragères. Mais à la longue, le soussol commença à se fatiguer, les rendements du trèfle s'amoindrirent, et les terres ne voulurent plus produire de cette plante qu'à des intervalles de plus en plus éloignés. Par bonheur, le plâtre, en vertu de son action non encore suffisamment expliquée, en augmentant, dans la plupart des localités, les récoltes du trèfle d'une manière vraiment extraordinaire, contribua à augmenter la quantité du fumier et, par conséquent, les rendements du blé.

Quand on pense qu'un tiers de la population européenne fait de la pomme de terre sa nourriture principale, et que l'introduction de ce tubercule coïncida avec l'amoindrissement général des récoltes granifères, on se persuade sans peine que, sans ce précieux comestible, l'Europe compterait peut-être une vingtaine de millions d'habitants de moins.

Cette plante, grâce à la conformation de ses racines, fouille la terre et prospère sur un sol relativement pauvre, qui se refusera à une production rémunératrice de blé. Mais écoutez bien ceci, Messieurs. La pomme de terre partage avec les céréales la provision des principes nutritifs que la fumure accumule dans la couche arable, et elle est la dernière des plantes cultivées dont on puisse encore espérer le développement dans les couches superficielles du sol, lorsque toutes les autres ne paient plus les frais de culture; mais cela ne veut pas dire que la pomme de terre s'oppose à la déchéance du sol; au contraire, elle y contribue pour sa part, comme les racines qui pénètrent encore plus bas que les pommes de terre, comme les céréales qui n'exercent leur action épuisante que dans les couches supérieures de la terre arable; seulement les pommes de terre, en s'alimentant des principes que le blé n'a pu atteindre, ou de ceux qui s'y trouvaient en excès relativement aux exigences des céréales, ont pu donner des récoltes qui ont fait reculer le danger sans le combattre. Disons plus : si l'apparition de la pomme de terre nous a sauvés d'une grande catastrophe, elle n'a pas moins traîné à sa suite deux graves inconvénients. D'abord elle a empêché le continent de s'apercevoir du marché de dupe qu'elle faisait en troquant son phosphate de chaux sous la forme d'os contre de l'or anglais, comme si ce métal pouvait fertiliser la terre en remplaçant le phosphore, l'azote et la chaux dans le blé et dans les fourrages. Sans la quiétude inspirée par la pomme de terre, on n'aurait pas tardé si longtemps à s'apercevoir que le pain et la viande dont on se nourrissait dans les Iles-Britanniques étaient formés d'éléments enlevés au continent. Pendant que le tiers des nations du centre de l'Europe vivait presqu'entièrement de pommes de terre et allait pour cela en s'affaiblissant, la masse du peuple anglais n'absorbait ce tubercule que comme un appoint du pain et de la viande, et conservait sa force musculaire et sa santé.

Il est un fait certain, c'est que depuis l'introduction de la pomme de terre dans le régime alimentaire des peuples, la taille moyenne de l'homme a diminué à un tel point en France, en Allemagne et en Prusse, qu'il a fallu la réduire réglementairement pour le service militaire. En 1789, le minimum de la taille d'un fantassin français était de 165 centimètres ; en 1818, il n'était plus que de 157, et aujourd'hui il est d'un centimètre de moins. En moyenne, on réforme en France, pour défaut de taille ou de conformation, au-delà de la moitié des conscrits. La taille du militaire saxon, en 1760, était de 178 centimètres; elle est aujourd'hui de 155. En Prusse, la mesure militaire est devenue la même que celle de la France, et d'après le docteur Meyer, il résulte d'une moyenne de neuf ans que, sur 1,000 conscrits prussiens, 716 sont impropres au service militaire, dont 317 pour défaut de taille et 399 pour infirmités.

On a beau attribuer l'amoindrissement physique de nos masses aux grandes guerres qui, pendant les quinze premières années de ce siècle, ont ensanglanté l'Europe; mais on peut répondre à cela que les guerres meurtrières sont aussi anciennes que l'homme, et que l'on ne s'est jamais aperçu qu'elles aient eu pour résultat immédiat l'étiolement de l'espèce.

« La substance osseuse, dit Liebig, qui manque au » squelette de l'homme, en Allemagne et en France, » pour maintenir l'ancienne taille moyenne, a été exportée en Angleterre avec les os, et a servi à conserver au squelette du soldat et du travailleur anglais » ses dimensions et sa force habituelles. »

Quoi qu'il en soit, la culture de la pomme de terre est arrivée à propos pour éloigner une catastrophe, et en cela elle a trouvé un auxiliaire dans les grandes guerres du commencement de ce siècle, guerres qui ont diminué le nombre des consommateurs.

« Si ces guerres, dit encore Liebig, n'avaient pas eu » lieu, et si, sur le continent, la population avait suivi, » de 1790 à 1815, une progression semblable à celle » que l'on observe de nos jours, plusieurs millions de » plus auraient eu à supporter les famines de 1816 et

» 1817, et celui qui se rappelle ces années désas-
» treuses admettra sans peine que certains pays d'Eu-
» rope eussent alors vu se dérouler des scènes d'horreur
» que le moyen-âge n'a jamais connues. »

Une autre cause qui a retardé la ruine de l'agriculture européenne est la découverte accidentelle du guano
et son emploi comme engrais depuis 1841.

Avant d'apprécier l'influence qu'a exercée cette découverte sur les destinées de l'agriculture, admettons
d'abord qu'en fumant avec le guano, on obtient pour
chaque kilogramme de cette substance, en quatre ou
cinq ans, 5 kilog. de blé (ou équivalent de blé, froment,
orge, avoine, pommes de terre, trèfle, etc.) en sus de
ce que l'on aurait obtenu sans cet auxiliaire. Cela admis,
rappelons-nous que, d'après les documents officiels,
dans l'espace de quinze ans, depuis 1841 jusqu'à 1855,
il a été importé en Europe au moins deux millions de
tonnes de guano. Il suit de là que, dans l'espace de
quinze ans, les terres cultivées de l'Europe ont donné
un produit supérieur de dix millions de tonnes de blé,
ou ses équivalents, à celui qu'elles auraient pu fournir
par la seule application du fumier. De 1855 à 1862,
l'importation du guano ayant été tout aussi considérable
que dans les quinze années précédentes, il en résulte
que, pendant trente ans, 1,800,000 individus ont trouvé
leur nourriture complète dans cet apport d'engrais
étranger.

Mais ces ressources ont fait leur temps. Le plâtre
n'abrège plus la période qui sépare deux cultures de
trèfle sur le même champ. La pomme de terre, outre

la maladie qui en a restreint la culture, est assez connue pour qu'on renonce à la considérer comme pouvant remplacer le pain et la viande. Le guano est près de sa fin, car ses gisements seront bientôt épuisés. En effet, dès 1853, l'amiral Moresby informa le gouvernement anglais que, d'après les cubages exécutés par lui-même dans les îles Chinchas, la provision de guano qui s'y trouvait alors pouvait être estimée à 8,600,000 tonnes. Or, depuis ce temps-là, l'Europe et l'Amérique n'ont cessé d'en absorber une quantité telle que, même en estimant l'appréciation de l'amiral Moresby trois fois inférieure à la réalité, et en admettant que la consommation du guano reste stationnaire, cet engrais, dans une vingtaine d'années, nous fera entièrement défaut. Que le gouvernement péruvien jette en prison, tant qu'il voudra, ceux qui prédisent la fin prochaine du guano, la fin de cet engrais n'arrivera pas moins pour cela. Et l'on se ferait une bien grande illusion, si l'on comptait sur la découverte de nouveaux gisements, car les navigateurs anglais et américains, depuis dix ans, ont exploré toutes les mers : il n'est pas d'île, si petite qu'elle soit, pas de côte qui ait échappé à leurs investigations. Ce qui veut dire que tout le guano existant aujourd'hui est connu, et qu'il n'y en aura de nouveaux gisements que dans des milliers et milliers d'années, en supposant (ce qui est impossible) que les animaux producteurs de guano se trouvent pour l'avenir dans les mêmes conditions que pour le passé.

Une nouvelle cause, il est vrai, a surgi providentiellement pour adoucir la pente dangereuse sur laquelle glisse l'agriculture. Je veux parler de la découverte des phosphates fossiles. Les fouilles pratiquées par les Anglais, dans les charniers, dans les anciens champs de bataille, dans les cavernes à ossements, partout, en un mot, où l'on pouvait rencontrer des os, ont eu pour résultat de raréfier cet engrais sur les marchés, de réduire les sources d'où on le tirait à celle des abattoirs, et d'en élever notablement le prix. Tout l'acide phosphorique qui était enlevé à la terre sous la forme de fourrage retournait à la terre en grande partie sous la forme de poudre d'os, de noir de raffinerie ou de fumier; mais tout l'acide phosphorique qui, sous la forme de grain ou de viande, était absorbé par les hommes, était presque entièrement perdu à jamais pour le sol. Ainsi donc, dans un avenir plus ou moins prochain, le phosphate des os n'aurait pas absolument manqué aux agriculteurs, comme le guano, mais il serait devenu très-rare, très-coûteux et insuffisant. La découverte d'immenses gisements de phosphate de chaux est donc arrivée à propos pour combler le vide qu'allait laisser inévitablement l'insuffisance de ces os; mais il ne faut pas non plus se faire d'illusions et s'endormir dans une fausse sécurité. Disons, avant tout, que rien n'est infini dans la nature, et que plus les gisements seront exploités, plus ils s'amoindriront. Une grande perspicacité n'est pas nécessaire pour prédire qu'un jour viendra où le prix des phosphates fossiles augmentera, à cause de leur immense consommation. Admettons, néanmoins, que le danger soit éloigné de nous encore de plusieurs siècles; fermons les yeux sur les intérêts de nos descendants;

mais, Messieurs, est-ce que l'acide phosphorique est le seul et unique principe qui doit être restitué aux terres cultivées? On se tromperait grandement, si l'on se figurait que le phosphate de chaux peut, à lui seul, entretenir sans cesse la fertilité de la terre : la potasse, la soude, la magnésie, la silice, et bien d'autres principes encore, sont aussi indispensables que l'acide phosphorique à la continuation de la fertilité. Ainsi, outre que l'acide phosphorique deviendra plus tard moins abondant, les autres principes finiront par faire complètement défaut, et ce défaut rendra inerte l'acide phosphorique lui-même.

Répétons-le encore une fois : le péril s'est éloigné, mais il existe toujours; nous ne l'éviterons pas, si nous n'y prenons pas garde.

Eh bien! Messieurs, ne trouvez-vous pas la situation grave? Ne trouvez-vous pas qu'il est grand temps d'y songer, sinon pour nous, du moins pour nos enfants? N'allez pas trop vous reposer sur certaines mesures économiques qui doivent à jamais prévenir les famines. Quant à moi, mes convictions sont bien arrêtées, et je dis qu'en fait de subsistances, imprudent est celui qui se met dans la dépendance des autres. Je ne suis nullement disposé à admirer l'Angleterre, qui attend tous les ans l'arrivée des farines étrangères pour compléter l'approvisionnement de ses boulangeries. Qu'un peuple compte sur son voisin pour avoir du charbon de terre, du fer, ou des objets de luxe, soit; mais qu'il y compte pour avoir du pain qu'il ne peut attendre au-delà de vingt-quatre heures, c'est ce que je trouve souverainement dangereux.

D'ailleurs, raisonnons sur l'Amérique que quelques économistes considèrent comme une source inépuisable de blé.

Si l'on estime à 1 kilog. de blé ou son équivalent la nourriture nécessaire à la pleine alimentation d'un homme pour chaque jour, cela fera, par tête et par an, 3 quintaux 3/5es de blé. Or, en 1850, l'Union américaine comptait 23,191,836 habitants; en 1856, ce nombre avait augmenté de 4,605,527.

En 1856, les habitants de l'Union consommaient donc 16 3/4 millions de quintaux de blé, ou ses équivalents, de plus qu'en 1850. Si l'on admet que cette quantité avait été produite en 1850 au-delà des besoins du pays et qu'on aurait pu en disposer au profit de l'Europe, il est certain qu'en 1856 cette exportation n'était plus possible. Mais il n'y a pas seulement l'augmentation de la population qui s'opposera à une exportation régulière de blé, il y a aussi les modifications qu'éprouve l'état de l'agriculture locale.

Dans les premières années où l'on importait du guano en Angleterre, les fermiers américains, fiers de la fécondité de leur sol, jetaient des regards de pitié sur l'Europe épuisée. Que les choses ont changé depuis! Dans le courant de 1862, la consommation de guano dans l'Amérique du Nord a dépassé celle de tous les Etats européens réunis, ce qui prouve que les labours et les fumiers intérieurs ne suffisent plus pour entretenir la fertilité des terres de l'Union. Dans la chambre basse du congrès, à Washington, le député de Vermont, M. Morel, disait, il y a quelques années, que, dans le Connecticut, le Massachusset, le Rhode-Island, le New-Hampshire, le Maine et le Vermont réunis, les récoltes de froment avaient diminué de moitié en dix ans (de 1840 à 1850); les récoltes de pommes de terre d'un tiers, et que dans le Tennessee, le Kentucky, la Géorgie et l'Alabama, ainsi que dans l'Etat de New-York, les rendements du froment avaient également diminué de moitié. Le député d'Alabama, M. Clay, n'est pas moins explicite. « Quand on par-» court le pays, dit-il, on rencontre de nombreux bâ-» timents de fermes, autrefois habités par des hommes » libres, laborieux et intelligents, et qui aujourd'hui » sont vides, délaissés et tombent en ruines. Les » champs, autrefois fertiles, sont couverts de mauvaises » herbes... Ce pays, qui est encore jeune, porte déjà » les marques de la vieillesse et de la décrépitude. » Voilà ce que pensait un témoin oculaire, il n'y a pas longtemps, de l'Alabama, de la Virginie et des Caro-lines. Cette situation, que la guerre actuelle pas plus que la paix n'amélioreront, n'est guère faite pour inspirer une grande confiance sur la durée des impor-tations de blé de provenance américaine. Au surplus, les documents officiels prouvent que tous les arrivages de blé de l'Amérique du Nord, pendant les dernières années, n'ont nourri la population des Iles-Britanniques que pendant cinq jours et demi.

Dans l'état normal des choses, une exportation con-tinue de blé ne peut avoir lieu que d'un pays fertile, où la population est faible relativement à l'étendue territoriale. Tel est le cas de certaines provinces de la Russie; mais, outre qu'un ukase peut supprimer à l'instant même cette ressource si nécessaire à l'Europe, les terres cultivées de la Russie, pas plus que celles du monde entier, ne peuvent se soustraire aux lois naturelles de l'agriculture. Un vase plein, auquel on emprunte toujours sans jamais lui rendre, finit tôt ou tard par rester vide.

Résumons et concluons pour en finir avec ce tableau, auquel nous avons déjà consacré trop de temps.

Le sol de l'Europe est mal cultivé, car, en général, on ne lui rend pas ce qu'on lui enlève tous les ans, depuis bien des siècles.

Les causes qui ont contribué à retarder l'épuisement et ses désastreuses conséquences étant naturellement passagères, leurs effets ne peuvent être indéfiniment durables.

Ce qui s'oppose à l'entière réintégration dans le sol des éléments fertilisateurs, c'est la perte presque complète des principes fixes des récoltes qui servent à l'alimentation humaine.

Voilà, Messieurs, notre véritable situation agricole. Elle n'est pas rassurante. Pour en sortir, il faut, avant tout, dissiper les illusions qui nous ont empêché jusqu'à présent de suivre la bonne voie.

TROISIÈME LEÇON.

Conditions de développement des plantes.

Messieurs,

En vous traçant la situation agricole de l'Europe, je vous ai affirmé qu'elle n'est pas rassurante, parce que la *loi de restitution* n'est pas respectée. Il est temps que je passe des affirmations aux démonstrations ; il est temps que je vous montre que si cette loi est souvent violée par ceux-là mêmes qui en reconnaissent hautement la justesse, c'est qu'ils ne se doutent pas des erreurs que cachent certaines prétendues vérités léguées par nos pères, erreurs que le peu d'instruction des choses agricoles tend à enraciner de plus en plus dans nos esprits. Il est urgent de dissiper les illusions qu'ont entraînées à leur suite des progrès incontestables, dont on a trop exagéré l'importance, en les considérant comme le dernier mot des sciences rurales.

Pour remplir cette tâche, il faut que nous commen-
cions par nous rendre un compte exact, quoique suc-
cinct, des conditions de développement des plantes,
pour arriver ensuite à la connaissance des conditions
d'existence de ces mêmes plantes dans leurs rapports
avec le sol. C'est ainsi que nous parviendrons, je l'es-
père du moins, à bien connaître quels sont les moyens
indispensables pour perpétuer, dans les terres cultivées, la faculté de produire d'abondantes récoltes.

Tout végétal est formé d'éléments pouvant passer,
par suite de la combustion, à l'état aériforme, et d'é-
léments fixes chez lesquels la combustion n'est pas
possible. L'air est la source des éléments combus-
tibles; la terre, des éléments incombustibles. Quand
on brûle une plante, il n'y a de détruit que son organisme : pas un seul de ses éléments constituants n'est
anéanti; ceux qui provenaient de l'air rentrent dans
l'air; ceux qui provenaient du sol rentrent dans le sol.

Ce qui est vrai pour les combustions vives est également vrai pour les combustions lentes.

De même qu'un cadavre abandonné à la putréfaction finit par disparaître, moins les os et tout ce qui n'a
pu passer à l'état aériforme; de même un végétal abandonné à l'action lente des influences atmosphériques
se décompose au point de ne laisser que les principes
terreux qui faisaient partie de ses organes.

On comprend donc pourquoi les principes de l'air et
de la terre qui concourent à la formation d'une plante,
c'est-à-dire l'acide carbonique, l'ammoniaque, l'eau,
d'une part, et d'autre part, les acides phosphorique,

sulfurique, silicique, hydrochlorique, la potasse, la soude, la magnésie, la chaux, le fer, le manganèse, et pour quelques cas l'alumine, soient considérés comme les aliments de cette plante.

Sous l'influence simultanée de la chaleur et de la lumière, ces différents principes s'assemblent, se soumettent aux lois de la vie et deviennent des êtres organisés dépourvus de locomotion, mais doués de la faculté de se reproduire.

Les graines sont les réceptacles des germes élaborés par les plantes dans le but de perpétuer leur espèce. Ces germes, soumis à leur tour à l'action de l'air, de la chaleur et de l'humidité, se transforment en une ébauche de plantes qui, grâce au concours des aliments, deviendra une plante identique à celle d'où les germes sont dérivés.

La graine contient donc les éléments nécessaires à la formation des organes préposés à l'absorption de la nourriture qui existe dans l'air et dans le sol. Ces éléments se trouvent groupés, dans la graine, de telle sorte qu'ils forment de l'amidon, de la graisse, du sucre, de la gomme et des substances analogues au caséum du lait ou à l'albumine du sang, formées, par conséquent, de carbone, d'hydrogène, d'oxygène, d'azote, de phosphates terreux et de sels alcalins. Les composés ternaires de la graine de blé, c'est-à-dire l'amidon, la graisse, le sucre, la gomme, se transforment, pour former la plante naissante, en racines et en feuilles ; celles-ci puiseront dans l'air, les autres dans le sol, les éléments de leur croissance.

Nous l'avons déjà dit, les conditions indispensables au développement du germe sont l'humidité, un certain degré de chaleur et l'air. Sous l'influence de l'humidité, un travail chimique s'accomplit dans la graine, dont le résultat immédiat est de rendre solubles les principes insolubles qu'elle renferme : le gluten se transforme en albumine végétale, l'amidon et l'huile en sucre. Mais, si l'air n'intervient pas, ces transformations ne peuvent se réaliser, ou bien elles changent de nature. Effectivement, les cotylédons d'une plante terrestre ne se développent pas s'ils sont plongés dans l'eau ou dans un sol recouvert d'eau stagnante qui intercepte le libre accès de l'air. Aussi certaines semences, enfouies profondément dans le sol ou dans la vase des marais, ne germent-elles pas, quoique l'humidité et la chaleur ne leur manquent pas.

C'est pourquoi on voit souvent des terres marécageuses ramenées à la surface du sol se recouvrir de verdure provenant de semences qui ne pouvaient se développer faute d'air.

Aucune semence ne germe à une température inférieure à 0°, et comme chaque semence réclame une certaine somme de chaleur, on voit pourquoi tout ensemencement doit être fait dans une saison déterminée.

Pendant la germination, l'oxygène de l'air est absorbé, il se produit une quantité équivalente d'acide carbonique, et en même temps du vinaigre, quelquefois en quantité très-sensible, surtout quand il s'agit de plantes crucifères, telles que les choux, les navets, etc., etc.

C'est du premier enracinement d'une plante que dépend son développement. Des semences rabougries ou arrêtées dans leur développement donnent des plantes imparfaites et fournissent des graines entachées des mêmes défauts; aussi le choix des semences est-il très-important pour l'avenir de la végétation.

Parmi les graines d'une même récolte de froment, on en distingue de différentes grosseurs : chez les unes, la cassure est farineuse ; chez les autres, elle est cornée. Cette différence est due à ce que toutes les plantes d'un même champ n'épient et ne fleurissent pas simultanément. Les graines qui apparaissent les premières se développent complétement et sont plus farineuses que celles qui sont en retard. Or, une graine pauvre en amidon germe comme la graine qui en est riche, mais avant qu'elle ait absorbé au dehors les aliments nécessaires pour se pourvoir de racines aussi fortes et aussi nombreuses que celles de l'autre, celle-ci aura pris l'avance, et sa croissance aura été relativement plus rapide.

Dans le choix des semences, il importe de tenir compte du sol et du climat dont elles proviennent. Le froment des sols pauvres est considéré par les agriculteurs anglais comme très-apte à l'ensemencement des terres riches ; les graines des plantes-racines de situations froides donnent des récoltes certaines dans des emplacements plus chauds.

La légèreté et la ténacité du sol influent sur le développement des racines, indépendamment de la qualité de la semence. Les radicelles se dirigent du côté où elles rencontrent le moins de résistance, et la force avec laquelle elles pénètrent dans le sol n'est pas la même pour toutes.

Les végétaux à racines très-déliées ne se développent qu'imparfaitement dans une terre tenace, tandis que d'autres plantes à racines fortes y croissent vigoureusement. Toutefois, la résistance que le sol oppose à l'extension des fibrilles radicellaires doit être dans un certain rapport avec leur force, car la pression par laquelle celles-ci écartent les particules de terre doit être supérieure à la cohésion de ces mêmes particules.

Le froment est de toutes les céréales celle qui développe, dans la couche arable, les racines les plus fortes : quoique proportionnellement peu ramifiées, elles ne pénètrent pas moins parfois jusque dans le sous-sol, à plusieurs décimètres de profondeur. Une certaine consistance de la couche superficielle du sol favorise leur développement; aussi l'action comprimante du rouleau produit-elle presque toujours de très-bons effets.

L'avoine est également pourvue d'une racine volumineuse qui se fraie un passage dans les couches profondes du sol, et, sous ce rapport, cette céréale se place immédiatement après le froment. Les terrains d'une certaine consistance lui conviennent, pourvu que les premières couches de la surface soient meubles, à cause des ramifications latérales très-fines de cette racine.

L'orge, dont la racine se compose d'un faisceau de fibres fines et relativement courtes, se plaît dans un sol argileux, ouvert et meuble, quand même il ne serait pas bien profond.

Les racines molles des pois s'étendent et atteignent aisément les couches profondes d'une terre meuble peu cohérente. Les racines fortes et ligneuses des fèveroles se ramifient très-facilement dans un sol tenace.

La semence de trèfle, qui, dans le principe de sa germination, pousse des racines très-faibles et peu étendues, exige une terre soigneusement préparée. Une pression de 20 à 30 millimètres empêche le développement des organes de la graine : c'est pourquoi on doit seulement enterrer celle-ci assez pour qu'elle se trouve entourée de l'humidité nécessaire à sa germination.

Aussi se trouve-t-on bien de semer le trèfle simultanément avec une céréale qui, en se développant plus rapidement, abrite du soleil le jeune trèfle et laisse à ses racines le temps de se développer et de s'étendre.

Tandis que les racines des betteraves et des turneps ne prospèrent que dans un sol meuble et profond où leurs racines, en se ramifiant, pénètrent dans le soussol, les pommes de terre, au contraire, se développent dans les couches superficielles.

Rien n'est plus important à connaître, pour l'agriculteur, que l'enracinement des plantes ; on pourrait dire que cette connaissance est la base de l'agriculture. Tous les labours doivent être appropriés à la nature des racines des plantes qu'on se propose de cultiver. Il ne faut pas oublier que la racine est destinée non seulement à absorber les éléments incombustibles nécessaires au développement de la plante, mais à régula-riser le travail nutritif de la plante déjà développée.

C'est dans la racine que s'accumulent les matériaux destinés à fournir à la plante ce qui lui est nécessaire depuis sa naissance jusqu'à sa mort.

Pour bien comprendre toute l'importance du rôle que joue la racine dans la végétation, il importe de jeter un coup-d'œil sur la marche du développement des plantes annuelles, bisannuelles et vivaces.

Parmi les plantes annuelles que nous cultivons, les unes sont destinées à nous donner des feuilles, les autres des graines. Le tabac et le froment se prêtent donc à notre étude.

La plante de tabac se développe uniformément, tant par sa tige que par sa racine. Celle-ci gagne en étendue ce que l'autre gagne en allongement et en feuilles. La longueur et la largeur des feuilles, leur richesse en principes azotés dépendent de la fumure, dont les principes alibiles arrivent à la plante par la voie des racines. Les fumures très-azotées, telles que celles formées de poudre d'os, de sang, de déchets de corne, d'excréments humains, de farine de tourteaux et de purin, fournissent les tabacs les plus riches en albumine et en nicotine, c'est-à-dire les tabacs les plus forts. Si la fumure n'est pas très-azotée, et notamment si elle n'est pas ammoniacale, mais bien riche en potasse, le tabac est *doux*, est *fin*, comme on dit. Tels sont ceux de Virginie et de la Havane, qu'on cultive sur des bois défrichés après avoir été brûlés.

On sait que le planteur de tabac, aussitôt que la

plante a poussé huit à dix feuilles, enlève le cœur de
la tige centrale qui doit donner naissance aux fleurs et
aux graines, appareils qui attireraient à eux toutes les
matières qui déterminent le travail organique des racines et des feuilles.

C'est pour la même raison que le planteur arrache
aussi les bourgeons qui se développent, après la suppression du bourgeon terminal, à l'aisselle des feuilles,
en formant des *branches gourmandes*. Par suite de
ces suppressions successives, tous les matériaux qui
s'élaborent sont retenus dans les feuilles, dont l'entier
développement est assuré ; et comme c'est dans les organes de la plante, où la formation du tissu cellulaire
est le plus active, que s'accumulent principalement les
éléments azotés, on voit pourquoi les jeunes feuilles
donnent un tabac plus fort que les feuilles âgées ; aussi
sait-on que celles qui sont le plus rapprochées du sol
donnent un tabac plus doux que les feuilles qui en
sont plus éloignées ; c'est que celles-ci, s'étant développées les dernières, conservent des matériaux que
leurs devancières ont déjà abandonnés.

Quand on compare la manière de procéder du planteur européen avec celle du planteur américain, on
s'aperçoit combien peuvent servir d'enseignement des
observations bien faites. Ni l'un ni l'autre n'a étudié la
physiologie du tabac ; cependant, tous les deux atteignent le but qu'ils se proposent, comme s'ils avaient
fait des études bien suivies sur cette matière. Le planteur européen vise à obtenir du tabac très-azoté, très-
fort ; aussi fume-t-il beaucoup ses champs avec de l'en-

grais animal et attache le plus grand prix aux feuilles supérieures entièrement développées. Le planteur américain se propose, au contraire, d'obtenir un tabac doux, peu riche de principes albuminoïdes et narcotiques. Or, que fait-il? Il ne fume pas son champ et cueille les feuilles inférieures lorsqu'elles sont en pleine activité, du moment où la plante a atteint la moitié de sa croissance.

Je le répète, dans toutes ces pratiques, il y a une profonde raison.

Voyons de quelle manière les choses se passent pour le froment.

Après l'ensemencement d'automne, le froment développe bientôt ses premières feuilles, qui augmentent pendant l'hiver et le commencement du printemps, et finissent par constituer une touffe plus ou moins forte. On dirait que la végétation s'arrête ; mais, aussitôt que les premières chaleurs se font sentir et que la température de l'air s'élève d'une manière permanente, la plante pousse une tige garnie de feuilles et pourvue à son sommet d'un épi portant des fleurs auxquelles succèderont les semences. A mesure que la graine se développe, les feuilles qui sont les plus près de la terre jaunissent les premières, et vers l'époque de la maturité des graines, les autres feuilles périssent avec la tige.

Il est certain que, pendant le moment d'arrêt apparent qui précède la pousse de la tige, les racines continuent à absorber de la nourriture qui, ajoutée aux matériaux renvoyés aux racines par les feuilles, servira au développement ultérieur de la tige.

A l'arrivée des chaleurs, les feuilles les plus anciennes, ainsi que des fibres de la racine, périssent; il se forme au collet de nouveaux bourgeons, et avec chaque bourgeon de nouvelles radicules, jusqu'à ce que la tige ait atteint une certaine longueur. A partir de ce moment, jusqu'au terme de la végétation, les principes nutritifs absorbés par les racines, ainsi qu'une partie des matériaux élaborés dans la tige et dans les feuilles, sont employés à la floraison et à la fructification.

D'après les observations de Schubart, pendant la première période végétative des céréales, les racines gagnent beaucoup plus que les feuilles, si bien que la faculté de taller et la formation des tiges dépendent, pour ainsi dire, du développement de la racine. Aussi le même observateur a remarqué onze jets latéraux sur des plantes de blé dont les racines avaient plus d'un mètre de longueur, tandis qu'il en a trouvé deux seulement dans d'autres, dont la longueur dépassait à peine les soixante centimètres; il n'en a vu aucun sur des plantes dont les racines n'avaient pas 50 centimètres de long.

Il est essentiel, pour la prospérité des céréales d'hiver, que l'activité des feuilles se maintienne dans certaines limites pendant les mois froids; c'est pourquoi les hivers doux ne sont pas favorables à ces plantes. En effet, sous l'influence d'une température tiède, la nourriture, qui aurait dû servir, soit à l'évolution des bourgeons, soit à l'approvisionnement des racines, est distraite par le développement précoce d'une tige grêle et chétive, à laquelle la racine, grêle et chétive elle-même, ne peut pas fournir une alimentation suffisante.

Le remède que les cultivateurs apportent à cet inconvénient montre l'étroite solidarité qui existe entre les organes souterrains et les organes aériens. On sait que quand la végétation du froment a été trop précoce, l'on fait pâturer ou l'on fauche la récolte au printemps; il arrive alors, à moins de circonstances contraires, que de nouveaux bourgeons apparaissent, de nouvelles racines se forment et bientôt une nouvelle plante surgit, à laquelle le concours des racines ne fait plus défaut. Le blé d'hiver devient, pour ainsi dire, du blé de printemps. Il est de fait que si l'on fauche successivement du blé à mesure qu'il pousse, on peut reculer sa grenaison à la deuxième année et en faire ainsi une plante bisannuelle. On lit dans le journal de la Société royale d'agriculture d'Angleterre que sir Buckmann ayant semé, dans l'automne de 1849, du froment qui fut constamment fauché en 1850, il obtint une assez bonne récolte eu 1851. Cela prouve que si l'on coupe une plante céréale avant la fleur, on la réduit à l'état de plante vivace, chez laquelle la racine reçoit plus de matériaux nutritifs qu'elle n'en dépense.

D'après ce que nous venons de dire sur les plantes annuelles, l'étroite connexité entre les fonctions des organes qui se développent successivement depuis la germination jusqu'à la maturation des graines ne peut être douteuse. Les racines et les feuilles se déve-

loppent simultanément et presque symétriquement ;
les unes et les autres s'approvisionnent de substances
nutritives que leur fournit le sol et l'air ; ces substances
nutritives émigrent pour aller contribuer à la formation
de la tige, et plus tard à celle de la fleur et de la graine.
Les racines et les feuilles sont donc les deux laboratoires où les principes nutritifs sont absorbés, élaborés,
préparés pour servir, en dernier lieu, à la production
de la semence. Dès que la reproduction de l'espèce est
assurée, leur mission est remplie, leur existence n'est
plus nécessaire ; en effet, la plante entière meurt,
moins la graine, puisqu'elle renferme dans son sein le
germe d'une vie nouvelle.

Passons maintenant à l'examen des plantes bisannuelles. Les fonctions deviennent ici un peu plus
compliquées.

Trois phases distinguent le développement de la
plante bisannuelle : dans la première, ce sont les feuilles
qui se forment ; dans la seconde, les racines. Durant
la troisième phase, les fleurs et les fruits se développent à la faveur des substances nutritives absorbées
et accumulées dans les racines. Par la détermination
de la quantité de substance végétale contenue dans les
plantes de turneps, croissant sur une surface de 4,046
mètres carrés (acre anglais), Anderson a fait connaître
les différentes directions que peut prendre l'activité
vitale d'une plante bisannuelle. L'expérimentateur ar-
racha les turneps à quatre époques ou phases différentes de leur croissance (le 7 juillet, le 11 août, le
17 septembre et le 5 octobre) et il constata, entre

les poids des feuilles et des racines, les rapports
suivants :

Poids de la récolte :

		Feuilles.	Racines.
I. Arrachage après 32 jours		$191^k 10$	$2^k 81$
II. — — 67 —		6,268	1,353 40
III. — — 87 —		9,408	7,056
IV. — — 122 —		5,492	18,280

On voit que dans la première moitié de la période
végétative du turneps, le travail organique s'est principalement concentré sur le développement des organes
aériens, puisque le poids des feuilles s'est trouvé quatre
fois et demi plus fort que celui des racines; ce qui veut
dire que, à cette époque de la végétation, sur onze
parties en poids de nourriture absorbée, neuf ont été
transformées en feuilles, deux en racines,

Durant la troisième période, le rapport change; car,
dans l'espace de vingt jours, les feuilles ont augmenté
de 3,140 kil., tandis que celui des racines a augmenté
de 5,703 kil.; de sorte que sur vingt-cinq parties de
nourriture absorbée, seize ont servi à l'accroissement
des racines et neuf sont restées dans les feuilles. La
substance extérieure qui est venue se fixer dans la
plante pendant cette troisième période, a été un peu
plus du double de la nourriture assimilée dans la période précédente.

Rien n'est plus évident : au fur et à mesure que les

feuilles approchent du terme de leur développement, elles perdent la faculté d'utiliser à leur profit la nourriture qui, ne trouvant plus d'emploi, va se fixer dans les racines.

C'est surtout pendant la quatrième période que la migration des parties intégrantes des feuilles et leur transformation en parties constituantes des racines devient manifeste.

Le poids total des feuilles, qui au moment du troisième arrachage était de 9,408 kilogrammes, diminue de 3,916 kil. en trente-cinq jours, ce qui revient à dire que sur trente-quatre feuilles, il en périt dix, tandis que les racines augmentent, pendant le même laps de temps, de 10,972 kil., ou de 313 kil. par jour.

Pendant la dernière période, comprise entre le 1er septembre et le 5 octobre, la température et la lumière solaire ayant diminué d'intensité, l'activité fonctionnelle des feuilles a dû diminuer à son tour ; c'est pourquoi l'on a vu qu'un peu plus du tiers des matériaux organisables qui s'y étaient accumulés ont émigré dans les racines, pour s'y tenir en réserve pour un nouvel emploi.

Pour nous édifier sur l'intensité du travail végétatif des plantes, voyons dans quelles proportions les différents principes nutritifs ont été absorbés par les turneps pendant les trois dernières périodes, c'est-à-dire pendant quatre-vingt-dix jours.

D'après les analyses exécutées par Anderson sur les turneps récoltés par lui, dans le cours de ses expériences, sur un peu moins d'un demi-hectare, on

constate que ces plantes ont absorbé les différents
principes nutritifs dans les proportions suivantes :

Pour la plante entière, en un jour, pendant :

	la 2ᵉ période.	la 3ᵉ période.	la 4ᵉ période.
Substance végétale..	214ᵏ	444ᵏ500	201ᵏ880
Azote.......	0,541	0,341	0,593
Acide phosphorique.	0,453	0,222	0,612
Potasse	0,691	0,338	1,505
Acide sulfurique...	0,549	0,219	0,745
Sel de cuisine......	0,412	0,202	0,539

Il est à remarquer que, du 11 août au 1ᵉʳ septembre,
dans l'espace des vingt jours qui séparent le deuxième
arrachage du troisième, la quantité de potasse a augmenté dans une proportion plus forte que la substance
végétale, et que du 1ᵉʳ septembre au 5 octobre, ou
pendant les trente-cinq jours qui ont précédé le quatrième et dernier arrachage, l'accroissement des racines, comparé à celui de la période précédente, a été
presque double; mais il y a eu migration des composés
potassiques des feuilles vers les racines. Il existe donc
un certain rapport, qu'en vérité on ne saurait déterminer, entre l'augmentation de la potasse et la formation du sucre et des autres principes non azotés des
racines.

Les quantités d'éléments minéraux absorbés par les
diverses parties du végétal à différentes époques présentent des rapports fort irréguliers.

Pendant la deuxième période, en trente-cinq jours, les racines ont absorbé 3 kilog. 930 de potasse, et les feuilles 20 kilog. 223. Le poids des feuilles était à peu près dans le même rapport que celui des racines; celles-ci pesaient environ cinq fois moins que les feuilles. Dans la troisième période, la masse des racines est plus considérable que celle des feuilles, dans lesquelles il reste seulement les 9/16es de la potasse absorbée. Le même rapport se conserve pour l'acide phosphorique, le chlorure de sodium, ou sel de cuisine, et les autres éléments minéraux qui se partagent entre les organes aériens et souterrains, selon que la formation de la matière végétale prédomine d'un côté ou de l'autre.

Malgré la répartition inégale des principes minéraux dans les différents organes, il n'en est pas moins vrai que la plante reçoit chaque jour à peu près la même quantité de sel de cuisine, d'acide sulfurique, d'acide phosphorique et d'azote. Il n'y a que la potasse qui s'écarte de cette règle, car, pendant la troisième période, son absorption augmente considérablement, par rapport aux autres éléments minéraux.

Ce que nous venons d'apprendre sur le développement d'une plante bisannuelle, pendant la première année de sa végétation, nous entraîne à quelques considérations importantes au point de vue de la pratique.

Tout porte à croire que le résultat du travail chimique, ou, si l'on veut mieux, de l'élaboration de tous les principes absorbés par les plantes, consiste dans la production de deux substances pour ainsi dire typiques: l'une de nature albuminoïde, contenant de l'azote et du soufre ; l'autre composée exclusivement de carbone, d'hydrogène et d'oxygène. La première paraît ne pas changer de nature pendant toute la durée de la végétation ; la seconde se transforme soit en une sorte de gomme, soit en cellulose, ou en fécule, ou en sucre, substances qui se répartissent entre les organes aériens et les organes souterrains.

Or, s'il est vrai, comme tout porte à le croire, que l'acide phosphorique soit en rapport avec la production des principes albuminoïdes, il sera nécessaire que les premières couches du sol où l'on cultive des plantes bisannuelles, et en particulier des racines, soient abondamment pourvues d'engrais azotés et phosphatés, attendu que, dans la première période de végétation, la racine, étant très-peu volumineuse, se trouve nécessairement en contact avec une petite quantité de terre; mais si cette terre n'est pas en état d'offrir à la racine beaucoup d'aliments, les organes foliacés ne pourront pas se développer suffisamment. En un mot, il faut que le sol soit d'autant plus riche que la racine est moins volumineuse.

Ce qui est vrai pour l'acide phosphorique l'est aussi pour la potasse. Toutes les plantes qui produisent de grandes quantités d'amidon ou de sucre, ou de gomme, renferment aussi des proportions relativement considérables de potasse. La présence de cette substance dans le sol est donc aussi nécessaire que celle de l'acide phosphorique lorsqu'il s'agit de plantes-racines féculentes ou sucrées, et pour le cas particulier du turneps, on s'explique la plus grande absorption de la potasse pendant

les troisième et quatrième périodes de croissance, alors
que la formation des principes hydrocarbonés de la racine se réalise dans de plus fortes proportions que dans
les périodes antérieures. Ainsi donc, lorsque les racines se trouvent encore dans les premières couches,
il importe qu'elles y trouvent de l'acide phosphorique
et de l'azote. Lorsque les racines se sont développées,
lorsqu'elles ont pénétré dans les couches inférieures,
et même dans le sous-sol, elles doivent y trouver de la
potasse, qui dès ce moment leur est devenue plus nécessaire que l'acide phosphorique et l'azote.

Concluons donc que, pour la culture des plantes-
racines, la potasse est plus nécessaire dans les couches
profondes que dans les couches superficielles. Cela
explique pourquoi on observe souvent que certaines
de ces plantes, après avoir commencé par pousser
avec vigueur, notamment le turneps, semblent devenir
souffrantes à mesure qu'elles se développent. Au début
de sa végétation, il a trouvé de l'acide phosphorique
et de l'azote ; plus tard, la potasse lui a fait défaut.

En résumé, à la fin de la première année, les racines des plantes bisannuelles sont devenues un véritable magasin où se sont accumulés des matériaux
nutritifs et organisables, vrais matériaux de construction, qui en grande partie ont émigré des appareils
aériens et qui seront utilisés l'année suivante.

D'après la manière dont les plantes bisannuelles que
nous considérons se comportent vers la fin de la première année, au moment où la racine grossit aux dépens des éléments des feuilles, on s'explique sans

peine l'effet de l'arrachage de ces organes. La suppression de quelques feuilles au mois d'août, c'est-à-dire après deux mois environ de végétation, ou bien à la moitié des évolutions végétatives de la première année, la suppression de quelques feuilles n'exercera que peu d'influence sur la récolte, tandis que quelques semaines plus tard, vers la fin de septembre, par exemple, l'arrachage pourra la compromettre gravement. M. Metzeler a trouvé que la suppression hâtive des feuilles diminue la récolte des racines de 7/100es, tandis qu'effectuée tardivement, elle occasionne une perte de 1/3.

Au printemps de la seconde année, la racine bourgeonne, pousse une faible couronne de feuilles, puis une tige qui porte d'abord des fleurs, ensuite des graines. Dès ce moment, la racine périt, n'ayant plus de fonctions à remplir. Toutes les provisions qu'elle renfermait ont pris le chemin de la tige et sont allées aider le développement des fleurs et des graines. Pendant cette seconde année, le sol n'a presque pas contribué, si ce n'est par son eau, à l'achèvement de la plante, qui n'a pu, par conséquent, emprunter sa nourriture qu'à la racine et à l'air.

Le rôle des racines dans la végétation des plantes vivaces ne sera pas moins remarquable que celui que nous venons de constater pour les plantes bisannuelles.

QUATRIÈME LEÇON.

Conditions de développement des plantes. Fonctions des racines et des feuilles.

MESSIEURS,

Nous avons vu que dans les plantes bisannuelles, le travail organique des racines est plus considérable que dans les plantes annuelles. Nous allons voir qu'il l'est encore davantage pour les plantes vivaces, puisqu'il se concentre principalement dans les organes souterrains.

Comme première preuve de la justesse de cette assertion, remarquons que, pour un grand nombre de plantes vivaces, la multiplication est indépendante de la formation des semences. Nous voyons, en effet, les nombreuses espèces qui constituent nos prairies se renouveler et se propager par des pousses de racines d'une nature particulière : ainsi le *trèfle des prés* se multiplie par des tiges souterraines, qu'on appelle *rhizômes*, d'où sortent des pousses de racines. Le *pâturin* se propage par un rhizôme composé de véritables racines, de bourgeons, de tiges et de racines rampantes. Parmi les plantes communes, aucune autant que le *fraisier* ne peut donner une idée exacte de la multiplication indépendante de la semence. Le fraisier, plante si envahissante, développe, au-dessus du collet de sa racine et à côté de sa tige principale, des tiges latérales rampantes d'où sortent, de distance en distance, des bourgeons et des racines qui se transforment en individus indépendants.

Pour bien saisir l'importance du rôle de la racine dans la végétation des plantes vivaces, examinons les évolutions végétatives de l'*asperge*.

Une graine d'asperge, mise en terre en automne, produit, depuis le printemps jusqu'à la fin de juillet de l'année suivante, une plante de 30 à 35 centimètres de hauteur; à partir de ce moment, la végétation paraît s'arrêter, mais ce n'est qu'une illusion; car, dès que les organes nutritifs extérieurs sont développés, la racine grossit et sa masse augmente notablement. La nourriture absorbée par les feuilles se porte, après s'être transformée en matière organisée, vers les racines et s'y accumule en quantité telle que l'année suivante elle fournit, sans le secours d'aucune nourriture puisée dans l'atmosphère, la matière nécessaire au développement d'une nouvelle plante parfaite, d'une hauteur double, très-ramifiée et riche en feuilles. Le résultat du travail végétatif effectué durant la seconde année consiste en produits qui vont encore s'emmagasiner dans la racine en plus grande abondance que

l'année précédente, à cause du plus grand développement des appareils aériens. Les mêmes phénomènes se
renouvelant plusieurs années de suite, la provision accumulée dans les racines est très-suffisante pour donner
naissance à plusieurs tiges, dont chacune se couvre de
branches nombreuses et de feuilles abondantes.

De son côté, l'analyse chimique témoigne de l'émigration des matériaux élaborés dans les organes aériens.
Les parties vertes de la plante sont relativement très-
azotées et très-riches en alcalis et en phosphates : une
fois flétries, elles n'en contiennent plus guère, et c'est
dans les graines que l'on trouve ces principes, qu'on
doit considérer comme un excédant dont les racines
n'ont plus besoin l'année suivante.

Il est donc évident que les racines des plantes vivaces
sont les collecteurs, les dépositaires, pour ainsi dire,
de tous les éléments vitaux nécessaires à certaines
fonctions. Lorsque les circonstances sont favorables, et
surtout lorsque le sol le permet, les racines reçoivent
toujours plus qu'elles ne dépensent : c'est seulement
après qu'un excédant de phosphate s'y est accumulé
(excédant dont elles peuvent se dessaisir sans compromettre leur existence) que la floraison et la fructification ont lieu.

Les organes souterrains, chez les plantes vivaces,
sont beaucoup plus volumineux et plus abondants que
chez les plantes annuelles. Tandis que celles-ci perdent
chaque année leurs racines, les autres les conservent,
prêtes à accumuler des matériaux d'organisation à
chaque occasion favorable.

3*

Rien n'est plus intéressant que de voir les ressources mises par la nature à la disposition des végétaux vivaces, dans le but de prolonger leur existence. Ainsi les mêmes variations atmosphériques, par exemple, qui font périr une plante annuelle, arrêtent seulement la croissance de la plante vivace. Chez les plantes annuelles, les développements des tiges et des racines sont, pour ainsi dire, simultanés et solidaires; chez les plantes vivaces, les organes souterrains grandissent et se multiplient en conservant une véritable indépendance vis-à-vis des organes aériens.

En examinant un morceau de gazon bien fourni, on voit souvent que les plantes qui ont poussé des tiges sont fort peu nombreuses relativement à celles qui poussent seulement des touffes de feuilles et un grand nombre de pousses souterraines.

La marche végétative des plantes ligneuses ne diffère pas essentiellement de la marche des herbes des prairies; la seule différence consiste en ce que les premières ne perdent pas leur tronc dès que la végétation s'arrête.

Chez les végétaux ligneux, le tronc, aussi bien que la racine, servent de magasin aux éléments nécessaires pour produire l'année suivante les organes extérieurs de nutrition, ou les feuilles. Les principes gazeux que celles-ci empruntent à l'atmosphère, les principes fixes qu'elles soutirent du sol, par l'intermédiaire des racines et du tronc, retournent, une fois élaborés, aux racines et au tronc.

D'après les expériences de Mohl, lorsque les feuilles

ont atteint leur complet développement, les cellules de l'écorce se remplissent d'une quantité d'amidon qui ne franchit pas le bourrelet du pétiole, tandis que le suc propre aux feuilles va en diminuant à mesure que l'époque de la chaleur approche. L'analyse de la cendre des feuilles met en évidence l'émigration remarquable de certains principes des substances élaborées par les organes aériens des plantes. Le docteur Zoeller a trouvé que la cendre des feuilles du hêtre recueillies en mai contenait 30 0/0 de potasse et 24 0/0 d'acide phosphorique, tandis que la cendre provenant de feuilles tombées à la fin de novembre renfermait à peine deux centièmes d'acide phosphorique et un centième de potasse; en revanche, la quantité de chaux et d'acide silicique était plus abondante dans les feuilles de novembre que dans celles de mai. Tandis que les cendres provenant des feuilles automnales contenaient 24 0/0 d'acide silicique et 34 0/0 de chaux, les cendres des feuilles printanières contenaient trois fois moins de chaux et vingt fois moins d'acide silicique. M. Staffel est parvenu, de son côté, à des résultats analogues, en analysant la cendre des feuilles du marronnier sauvage et du noyer. En voici la preuve dans le tableau suivant :

| | CENDRES DES FEUILLES | | | |
| | DU MARRONNIER, cueillies | | DU NOYER, cueillies | |
	au printemps.	à l'automne.	au printemps.	à l'automne.
Potasse..............	46,38	14,17	42,04	25,48
Acide phosphorique ...	24,40	8,22	21,12	4,04
Chaux	13,17	40,48	26,86	53,63
Acide silicique........	1,76	13,91	1,21	2,02

Ces analyses sont intéressantes à plus d'un titre. D'abord elles montrent la différence du rôle que jouent les divers principes fixes assimilés par les plantes. Tandis que la chaux et la silice prennent une large part à la construction de la charpente du végétal, la potasse et l'acide phosphorique président, pour ainsi dire, à la formation de la substance métamorphosable, que l'on pourrait appeler la substance vitale. Nous l'avons déjà fait remarquer dans une autre occasion; sans alcali (potasse et soude), point de principes hydrocarbonés (gomme, sucre, amidon); sans acide phosphorique, point de principes albuminoïdes ou plastiques (gluten, albumine); point de bois sans chaux, point de chaume sans silice. A l'inspection de ce même tableau, on se demande si généralement l'on se fait une idée bien exacte de l'importance des feuilles sèches considérées comme engrais, et si leur glanage est sérieusement préjudiciable aux forêts. Il est évident que, par la chute des feuilles, les arbres ne perdent pas beaucoup d'acide phosphorique et d'alcali, et que les feuilles automnales n'apportent pas une forte proportion de ces deux mêmes principes aux composts dont elles feront partie. Si donc les feuilles flétries sont principalement riches en silice et en chaux, on ne voit pas comment leur glanage pourrait compromettre l'avenir des arbres qui, par leurs puissantes racines, sauront toujours trouver dans le sol assez de chaux et de silice pour combler la petite lacune occasionnée par l'enlèvement des feuilles.

Assez de cette digression, et reprenons notre examen

de la plante vivace. Chez beaucoup de végétaux de
cette nature, la partie aérienne périt chaque année,
tandis que la racine se conserve chez les espèces qui
ne fleurissent qu'une seule fois; chez les plantes mo-
nocarpes, la racine meurt après la grenaison. Quoi
qu'il en soit, c'est un fait général que les plantes sont
régies, dans leur économie, par la faculté inhérente à
certains de leurs organes d'accumuler des principes
nutritifs en vue d'un emploi ultérieur. Les matériaux
emmagasinés par les plantes vivaces remplissent le
même rôle que l'amidon accumulé dans la semence
du blé, à cela près que dans le dernier cas, le magasin
se vide entièrement pour subvenir aux besoins de la
nouvelle plante, tandis que dans l'autre cas, le magasin s'appauvrit, se remplit successivement et en même
temps augmente de capacité.

En somme, la plante vivace reçoit plus qu'elle ne dépense; la plante à courte période dépense, pour la fructification, sa provision tout entière.

On ne saurait mieux se faire une idée du phénomène
de l'accumulation de la substance végétale dans les
plantes vivaces qu'en se rappelant ce qui a lieu dans le
metroxylon, le palmier à sagou de l'Inde orientale.

Cet arbre, véritable laboratoire chimique pour la
préparation de l'amidon, ne fleurit et ne fructifie qu'une
seule fois, et périt ensuite. Le tronc se compose, à la
périphérie et sur une épaisseur de 4 à 5 centimètres,
d'un bois blanchâtre et mou; à l'intérieur, il est rem-
pli d'un tissu cellulaire et de fibres entrecroisées dont
les cellules sont pleines de fécule. Celle-ci augmente

quand le tronc pousse de longues épines en haut et des gaînes de feuilles en bas; dès que les épines tombent, la formation de la fécule augmente considérablement. Bientôt après, il se forme au sommet du tronc une bractée dont le développement coïncide avec une diminution de fécule, si bien que lorsque cet organe foliacé a acquis une longueur de 2 à 3 mètres et autant de circonférence, et que la fructification est accomplie, la fécule a complétement disparu. Mais comme un arbre sain produit, avant l'apparition de la bractée, 200 à 400 kilog. de fécule, l'émigration et la transformation de cette substance sont des plus évidentes et, en même temps, des plus frappantes pour le cas que nous venons de prendre comme exemple.

Maintenant que nous nous sommes fait une idée des relations qui existent entre les organes souterrains et les organes aériens des plantes, jetons un coup-d'œil rapide sur les aliments dans leurs rapports avec les plantes mêmes qu'elles concourent à développer. Pour faciliter notre travail, éloignons-nous des généralités pour nous arrêter à la plante la plus connue, le blé.

Dès que, sous l'influence de la chaleur, le travail organique commence dans la graine de froment, l'embrion envoie quelques radicelles vers le bas, en même temps qu'il se développe en haut une petite tige pourvue de deux à trois feuilles; simultanément, l'amidon se transforme en gomme, puis en sucre; le gluten devient soluble et passe à l'état d'albumine, c'est-à-dire que le gluten et l'amidon deviennent de véritables principes nutritifs organiques que, pour abréger, on appelle *protoplasma*.

L'état de fluidité de ces principes leur permet de se transporter là où les cellules sont en voie de formation. La gomme et le sucre deviennent de la cellulose, et par conséquent ils forment les parois des cellules, dont le contenu sera de l'albumine : effectivement, la cellulose pure n'est pas azotée.

Ainsi donc, les premiers organes qui se développent à la suite de la germination sont formés entièrement des principes renfermés dans la graine; la preuve en est qu'une fois desséchés, leur poids est le même que celui de la graine; de plus, la proportion entre les principes azotés et non azotés, constituant ces mêmes organes, est restée à peu près ce qu'elle était dans la semence, c'est-à-dire pour 1 de gluten, 4 à 5 d'amidon.

En somme, les éléments de la semence se sont transformés, à la suite de la germination, en instruments de travail pouvant déterminer, au moyen de substances inorganiques puisées au dehors et avec l'aide de la lumière solaire, la formation de produits semblables à ceux dont les instruments eux-mêmes ont été faits.

Il ne faut pas perdre de vue que le travail organique de la formation des cellules présuppose l'existence des principes nutritifs organiques, et qu'il est indépendant du travail chimique auquel ces mêmes principes nutritifs doivent leur formation. Malgré cette distinction entre le travail organique et le travail chimique, il n'existe pas moins une certaine liaison entre eux.

Supposons que, faute d'éléments externes, le travail chimique et, par conséquent, la formation du *proto-plasma* soient suspendus ; il est évident que le travail organique des différents appareils végétaux sera suspendu à son tour. Les feuilles et les racines, privées de nourriture, ne peuvent plus élaborer des produits capables de pourvoir à leur développement ultérieur et cessent d'être des instruments de travail ; mais si le travail s'arrête dans les anciens organes, il se continue dans les nouveaux aux dépens des autres, c'est-à-dire que les bourgeons foliacés récents et les nouvelles racines attirent à eux, pour se développer, les éléments mobiles des anciennes feuilles et des anciennes racines ; ces dernières meurent, mais les éléments azotés et non azotés qui représentent leur capital actif se transforment en nouveaux instruments.

. Toutefois, ce déplacement des phénomènes vitaux n'est pas de longue durée, et lorsque le travail chimique continue à être suspendu, lorsqu'il n'y a plus formation de nourriture, au bout de quelques jours, la plante se meurt.

Pour peu qu'on réfléchisse à ce que l'on vient de dire, on voit combien est remarquable le rôle de la substance azotée de la graine. Après avoir contribué au développement du tissu cellulaire des racines, de la tige et des premières feuilles, elle concourt à l'organisation de ces mêmes appareils qui poussent ultérieurement ; elle joue ce rôle jusqu'à l'épuisement de tous les matériaux, qui perdent leur fluidité en se transformant en tissus ; et comme le tissu cellulaire

proprement dit ne renferme pas d'azote, on peut conclure que la matière azotée de la graine n'est pas consommée dans la plante. Pour se convaincre de la justesse de cette conclusion, qu'on se souvienne des
expériences de M. Boussingault. Cet expérimentateur,
en étudiant la végétation de certaines plantes nourries
avec des aliments non azotés, a obtenu de $4^{gr}780$ de
graines de lupin, de fèves et de cresson, dans lesquelles
il y avait seulement $0^{gr}227$ d'azote, a obtenu, dis-je,
$16^{gr}06$ de plantes dont le poids de l'azote était sensiblement égal à celui contenu dans les graines. Ainsi
donc, sous l'influence de la petite quantité de la substance azotée de la graine, il s'est formé de la substance
végétale non azotée cinq fois autant qu'il y en avait
dans cette même graine. Cette observation de M. Boussingault explique pourquoi certains arbres résineux ne
perdent pas leurs feuilles et végètent très-bien dans
des terrains impropres à toute autre culture, pourvu
qu'ils y trouvent les substances minérales nécessaires
à la production de la matière non azotée.

Pour cette sorte d'arbres, une quantité presque insignifiante de matière azotée suffit pour produire des
centaines et des milliers de fois son poids de substance
ligneuse.

Puisqu'une plante exige, pour croître, que la substance organique qui s'y forme renferme des proportions déterminées de matière azotée et de matière non
azotée, on conçoit qu'un défaut ou un excès d'éléments
minéraux nécessaires à sa production influe sur le
développement de la plante. Le défaut de principes

azotés et un excès de principes minéraux produiront
une trop grande quantité de matière non azotée. Les
feuilles et les racines provenant de celle-ci retiennent
une certaine quantité de matière azotée, laquelle fera
défaut à la fructification qui en est exigeante. D'un
autre côté, un excès de principes azotés ne peut profiter à la plante, car le travail organique n'utilise la
nourriture azotée qu'autant qu'elle est dans un certain
rapport avec la nourriture non azotée. Les deux sortes
de nourriture doivent, pour constituer le *protoplasma*,
se trouver, pour chaque plante, dans des proportions
fixées par la nature. Par conséquent, tout ce qui est
en plus reste sans emploi ; ce qui est en moins doit
arrêter le travail. On concevrait difficilement, en effet,
que le contenu d'une cellule pût former une seconde
cellule, s'il était dépourvu de ce qui est nécessaire
pour en faire les parois.

Tout ce que l'on sait sur la nutrition des végétaux
prouve que ce phénomène n'est pas une simple affaire
d'absorption, et que les racines jouent un rôle actif
dans le choix de la quantité et de la qualité des matières
dont elles se pénètrent. Le rôle des racines est surtout
rendu évident dans les plantes aquatiques. Ces plantes
tirent leurs éléments minéraux d'une solution homogène ; cependant, dans leurs cendres, les proportions
des principes minéraux ne sont pas dans le même rapport que dans l'eau. Ainsi, dans la cendre de la lentille
d'eau, on a trouvé que, pour une partie de sel marin,
il y en avait un peu plus de deux de potasse, tandis
que dans l'eau d'où provenait la plante, il y en avait

quatre de potasse pour un de sel marin ; il en a été de
même pour les proportions des acides sulfurique et
phosphorique. Dans l'eau, le premier de ces deux
acides était au second comme 10 est à 3 ; dans la cendre,
il était comme 10 à 14. Les plantes marines se comportent identiquement comme les plantes d'eau douce.
Dans l'eau de mer, le chlorure de potassium est au
chlorure de sodium à peu près dans les proportions de
1 à 20 ; cependant, dans les cendres des plantes marines, on trouve en général plus de potasse que de
soude.

Les plantes terrestres se comportent vis-à-vis du
sol précisément comme les plantes marines vis-à-vis
de l'eau de mer. Des plantes d'espèces diverses ayant
grandi sur le même sol laissent des cendres dont la
composition est différente. Les végétaux parasites
mêmes, qui se nourrissent de sucs élaborés par d'autres
plantes, ne se comportent pas comme un rameau greffé
sur l'arbre.

Toutefois, la faculté élective des racines n'est pas
absolue. Forchkammer a constaté la présence du plomb,
du zinc et du cuivre dans le bois du hêtre, du bouleau
et du pin, comme il a trouvé dans le bois de chêne
des traces d'étain, de plomb, de zinc et de cobalt ;
mais comme la présence de ces métaux était mieux
accusée par les réactifs dans l'écorce que dans le bois,
il est évident que le fait était purement accidentel ; ce
qui ne lui empêche pas de prouver que les plantes ne
possèdent pas en elles-mêmes la faculté d'opposer une
résistance prolongée à l'action chimique des sels et

d'autres combinaisons inorganiques sur la membrane extrêmement délicate des racines.

On se tromperait fort si l'on croyait que la présence de très-faibles quantités de certains principes minéraux dans les plantes est toujours un fait accidentel et sans importance. Il est sans importance lorsqu'il se reproduit rarement, mais c'est le contraire lorsqu'il devient constant. La quantité de fer qui fait partie d'une cendre est si peu de chose en comparaison des autres principes, qu'on serait tenté de ne pas y faire attention; cependant, comme cet infiniment petite quantité de fer on la constate immanquablement dans toutes les cendres, on est en droit d'en conclure à la nécessité de la présence de ce métal.

Le rôle que joue le fer dans l'organisme animal, où il n'est pas plus abondant que dans la graine de blé, nous est connu, et personne ne conteste aujourd'hui la solidarité entre la présence de ce métal et la formation des globules du sang; mais en vertu de la loi de dépendance qui enchaîne la vie des animaux à celle des végétaux, force est d'attribuer au fer une part active dans les fonctions vitales des plantes, attendu que son absence compromettrait l'existence des animaux.

Ce qui est vrai pour le fer est, en quelque sorte, également vrai pour tous les infiniment petits qu'on constate sans exception dans les cendres de certaines espèces végétales. Par cela seul qu'on les y constate invariablement, on doit en conclure que leur présence n'est pas fortuite. On pourrait objecter que l'iode et le brôme pour les fucus, l'alumine pour le licopode, le manganèse pour le pavonia, le zostera, le trapa natans et le zinc pour la viola calaminaria, une fois pénétrés, en vertu des forces chimiques et physiques, dans l'organisme de certains végétaux, y contractent des combinaisons qui s'opposent à leur retour dans le milieu où ils ont été puisés. Mais on peut répondre que les vues de la nature sont si compliquées et si sages, que le but à nous inconnu auquel visent ces infiniment petits, en se fixant dans l'économie végétale, est aussi important que celui qu'atteint le fer. Au surplus, si, pour plusieurs plantes, la présence du sel marin est une condition de leur prospérité, pourquoi n'en serait-il pas de même de l'iode, du brôme, du manganèse, de l'alumine et du zinc pour certaines autres espèces végétales?

Malgré certaines apparences d'après lesquelles plusieurs agronomes et physiologistes ont cru devoir contester aux racines tout rôle autre que celui de corps absorbants assujétis aux lois ordinaires de la physique, il n'en est pas moins avéré aujourd'hui que leur pouvoir absorbant est accompagné d'un pouvoir électif, ce qui implique l'idée d'un rôle particulier, se rattachant aux lois mystérieuses de la vie.

Qui pourrait nier que le même sol ne convient pas également à toutes les plantes, et que toutes les plantes ne se trouvent pas également bien de la même eau? Les plantes des tourbières, par exemple, se plaisent dans les terres acides et riches en carbone; d'autres végétaux prospèrent seulement dans les terres pourvues de principes alcalins; un grand nombre de mousses végètent à merveille sur des rochers où il n'y a pas trace de terreau ; les racines des graminées désagrègent les roches feldspathiques pour en soutirer le silicate de potasse ; le koleria s'acharne après l'acide phosphorique et la potasse qui font partie du sable siliceux et dont la proportion est si faible qu'elle échappe à l'analyse chimique la plus soignée ; cette même plante languirait dans un sol largement pourvu des deux principes qu'elle trouve avec tant de peine dans le sable. Tandis que les céréales et les plantes tuberculeuses se plaisent dans les terres humifères, la luzerne et les plantes-racines, aussi bien que le chêne et le hêtre, vont puiser leur nourriture dans le sous-sol où l'on ne trouve guère d'humus. Les plantes parasites, comme le gui, ont à leur tour des exigences particulières et non moins remarquables. Ces plantes s'alimentent seulement d'une nourriture que d'autres plantes ont élaborée.

D'un autre côté, une eau marécageuse acide qui fera périr certaines plantes, sera très-favorable au développement de certaines autres. L'eau calcaire a sa flore comme l'eau douce a la sienne. Enfin, on trouve la preuve la plus manifeste du pouvoir électif et en même temps de la faculté absorbante, l'un et l'autre régis par des lois particulières et non encore bien connues, dans le fait incontestable que le lycopode et la fougère absorbent de l'alumine dans un sol où l'on ne trouve pas de cette substance à l'état soluble et où mille autres plantes n'en absorbent pas la moindre trace. Schultz-Fleeth n'a pas pu découvrir une quantité pondérable de silice dans une grande quantité d'eau où s'était développé l'*arundo phragmites*, qui est une des plantes les plus siliceuses connues.

Si les organes souterrains de nutrition des plantes, les racines, fonctionnent sous l'empire de lois particulières et jusqu'à présent incomprises, il n'en est pas autrement des feuilles, véritables organes nutritifs aériens. Nous avons beau répéter que les feuilles sont des laboratoires de chimie où, sous l'influence de la lumière solaire, l'acide carbonique de l'atmosphère, absorbé par leur surface, se trouvant en contact avec la chlorophyle ou substance verte végétale, se décompose en oxygène qui rentre dans l'air et en carbone qui reste dans la feuille même pour concourir, soit à la formation de certains principes immédiats, soit à la formation du protoplasma; nous avons beau répéter que l'eau se décompose à son tour dans l'organisme végétal, pour fournir l'hydrogène aux tissus des plantes; nous avons beau considérer tous ces phénomènes comme étant de nature essentiellement chimique, mais rien ne nous prouve qu'ils s'accomplissent en vertu des lois ordinaires de l'affinité. L'impossibilité où nous nous trouvons, non seulement de faire une cellule, mais la moindre quantité d'un des principes quelconques qu'elle renferme, et cela avec de l'eau, de l'acide carbonique, de l'ammoniaque, de la chaleur et de la lumière, prouve, il me semble, que les fonctions des feuilles ne sont pas moins mystérieuses que celles des racines.

En nous inclinant devant la puissance organisatrice de la nature, bornons-nous, pour en admirer encore davantage les résultats, à jeter un regard comparatif sur quelques-uns des moyens admirables dont elle se sert pour arriver à ses fins. C'est ainsi que nous terminerons notre entretien sur la structure essentielle de la plante.

Supposons deux plantes d'aptitudes et de conformation différentes livrées au même sol. Il peut arriver que, à parité de circonstances et pour la même quantité d'engrais, l'une d'elles produise deux fois plus de matière non azotée que l'autre. Cela étant, il est certain que les organes de décomposition de ces deux plantes doivent être différemment construits, car deux effets très-différents ne peuvent pas provenir de la même cause.

Il en est ainsi, en effet ; car si nous comparons entre elles les feuilles du navet et du froment, plantes qui rentrent dans le cas général que nous venons de supposer, nous verrons que ces dernières sont redressées et offrent à la lumière une surface relativement petite ; les feuilles du navet, au contraire, sont amples, ombragent la terre, empêchent sa dessiccation et en même temps la dispersion de l'acide carbonique qu'elle exhale ; mais aussi le froment produit beaucoup moins de substance azotée que le navet. Aidons-nous du microscope, et nous verrons que les *stomates* des feuilles du froment (les stomates sont des ouvertures épidermiques par lesquelles l'air pénètre dans le corps de la feuille) sont également distribuées sur les deux faces et sont fort nombreuses. Les deux surfaces de la feuille du navet en sont encore plus riches que celles de la

feuille du froment, mais elles sont très-petites et inégalement distribuées : la face tournée vers la terre en
est beaucoup plus pourvue que la face opposée.

L'heure trop avancée m'empêche d'aller plus loin
avec cette comparaison, mais le peu que je vous ai dit
vous montre une fois de plus la sagesse prévoyante de
la nature, et laisse apercevoir que l'organisation des
feuilles, ainsi que celle des racines, est toujours d'accord
avec les fonctions qui en dépendent, et dont l'accom-
plissement n'est pas exclusivement subordonné aux
lois ordinaires de la physique et de la chimie.

CINQUIÈME LEÇON.

Conditions de développement des plantes.
Fonctions du sol.

Messieurs,

Dans les séances précédentes, nous avons vu la merveilleuse harmonie qui existe entre la durée de la vie des plantes et les dispositions diverses de leurs organes de nutrition.

Puisque nous connaissons les appareils au moyen desquels les végétaux absorbent leurs aliments, il est naturel que nous nous fassions une idée de la nature des aliments eux-mêmes; et comme ceux-ci proviennent en grande partie du sol, il nous importe d'étudier le sol lui-même, pour apprendre de quelle manière ils y sont distribués et dans quelles conditions ils doivent s'y trouver pour être absorbés par les racines.

Il est un fait qui ne peut échapper même à l'observateur le moins attentif : c'est qu'il n'existe pas de terre absolument stérile. Les rochers les plus dénudés peuvent se recouvrir de mousses et de lichens ; le sol vierge, la terre qui provient de la poussière des chaussées empierrées se recouvrent d'herbe au bout d'un certain temps.

Quand nous qualifions un sol de stérile, nous voulons dire seulement qu'il n'est pas apte à produire les plantes que nous avons intérêt à cultiver. L'on voit à chaque instant que des terres stériles pour les pères sont devenues fertiles pour les enfants ; là où jadis croissaient uniquement de mauvaises herbes, poussent aujourd'hui des céréales et des plantes maraîchères ; et lorsqu'on songe que cette transformation est l'œuvre du temps, des influences atmosphériques, des labours et d'une succession de cultures diverses intelligemment choisies, on est obligé de conclure que la stérilité et la fertilité d'un sol n'ont rien d'absolu et qu'elles dépendent moins de la proportion et de la nature des principes nutritifs que de leur forme et de l'homogénéité de leur mélange.

Que telle soit la vérité, on ne saurait en douter lorsqu'on compare la terre arable aux roches d'où elle provient. Tout le monde est d'accord sur ce point, à savoir que ce que nous appelons terre arable dérive de l'émiettement et de la désagrégation des roches ; mais si l'on réduit en poudre fine des échantillons des mêmes roches qui, d'après toutes les apparences, ont produit la terre arable d'une vallée fertile, et puis que l'on ensemence cette poudre, c'est à peine si l'on obtiendra quelques plantes chétives ; et cependant l'analyse chi-

mique montrera que la poudre de cette roche et le sol
de la vallée renferment identiquement les mêmes
éléments.

Le sol doit donc se modifier successivement pour
arriver à donner de bonnes récoltes avec les graines
que l'homme lui confie. Quelles sont ces modifications?
A quel état doivent se trouver, dans le sol, les principes fixes qui pénètrent dans les plantes et que nous
trouvons dans les cendres?

Revenons à la comparaison de tout-à-l'heure. Si l'on
verse le même volume d'eau sur des poids égaux de
terre arable et de poudre de roches provenant, soit de
la désagrégation naturelle, soit de la pulvérisation ar-
tificielle, on trouvera que la première absorbe et retient beaucoup plus de liquide que la seconde; donc
celle-ci est la moins poreuse. Ce n'est pas tout; si au
lieu d'eau pure on expérimente avec une dissolution
d'ammoniaque, ou de potasse, ou d'acide phosphorique, ou d'acide silicique, on verra que la terre
arable soutire à l'eau la substance qu'elle tient en dissolution, tandis que la roche pulvérisée se laisse traverser par cette même dissolution sans la modifier en
quoi que ce soit.

Nous pouvons donc conclure qu'il ne suffit pas que
les roches se désagrègent pour devenir de la terre
arable; il faut qu'elles éprouvent des modifications
chimiques et physiques de telle nature que leurs mo-
lécules constituantes acquièrent des propriétés nouvelles auxquelles la terre arable emprunte ses caractères.

Nous devons maintenant tâcher de bien préciser la nature de ces modifications, que jusqu'à présent nous connaissons seulement par leurs résultats.

Il importe, avant tout, de se rappeler que la porosité est une propriété générale de la matière et qu'elle ne peut augmenter ou diminuer d'une manière permanente, dans un corps quelconque, sans que ce corps n'ait préalablement subi des influences physiques ou chimiques de la part du milieu où il se trouve. Aussi, par exemple, voyons-nous tel granite se déliter à la suite d'une dissociation de ses principes constituants, mica, quartz, feldspath; mais chaque principe, une fois isolé, conserve son individualité; le changement a consisté en une désagrégation pure et simple : dans tel autre granite, au contraire, la dissociation des principes immédiats sera accompagnée de la kaolinisation, c'est-à-dire de la décomposition de l'un des trois principes : le feldspath.

Supposons que les deux granites que nous avons pris comme exemple, l'un purement délitable, l'autre délitable et décomposable, aient eu, avant leur altération, le même degré de porosité; il est certain que l'altération une fois accomplie, l'on trouvera une plus grande porosité dans le granite kaolinisé que dans le granite simplement désagrégé; de plus, si les deux roches ainsi altérées sont mises en contact avec une dissolution d'ammoniaque, ou de potasse, ou d'acide silicique, ou d'acide phosphorique, celle qui est kaolinisée absorbera une quantité quelconque du principe dissous, l'autre ne soustraira rien à la dissolution ; or, ce qui a lieu pour le granite peut également avoir lieu pour la plus grande partie des autres roches silicatées ; elles se désagrégent et s'altèrent sous l'influence simultanée des agents extérieurs, les variations de température, l'eau, l'air, l'acide carbonique.

D'après ce qui précède, nous sommes portés à conclure à une solidarité entre la porosité de la terre arable et la faculté de celle-ci d'absorber certains principes fertilisants, lorsqu'ils lui sont présentés sous la forme liquide. Pour justifier cette conclusion, et en même temps pour nous faire une idée de l'état sous lequel les principes fertilisants se trouvent condensés, pour ainsi dire, dans les particules de la terre susceptible de culture, examinons de près le pouvoir absorbant du charbon.

Le charbon, semblable à la couche arable, enlève à beaucoup de liquides leurs matières colorantes, leurs sels, leurs gaz ; en quittant leur dissolvant, ces substances vont adhérer à la surface du charbon à peu près de la même manière que les substances tinctoriales adhèrent aux tissus.

La houille, les charbons luisants, lisses, vesciculeux, tels que ceux provenant du sucre ou du sang, sont presque dépourvus de faculté absorbante, faculté que l'on trouve très-prononcée dans les charbons ternes et poreux. Les charbons de peuplier et de pin, dont les pores sont assez larges, absorbent moins que ceux de hêtre et de buis dont les pores sont très-serrés. Il est donc évident que les charbons absorbent en raison de leur surface et que les substances absor-

bées conservent toutes leurs propriétés chimiques ;
seulement, elles ont perdu leur solubilité dans l'eau,
et il suffit que l'affinité que l'eau avait pour elles, ou,
en d'autres termes, il suffit que la force initiale dissolvante de l'eau augmente pour que ce liquide reprenne
au charbon les matières qui recouvrent sa surface.
C'est ainsi que de l'eau légèrement alcaline enlève au
charbon la matière colorante dont il s'est emparé ; on
sait qu'au moyen de l'alcool, on peut arracher au charbon les principes amères que lui-même a soustraits
aux infusions végétales.

En présence de ces faits, on ne peut pas se défendre
de rapprocher la faculté absorbante du charbon de
celle des fibres textiles et de la laine pour les matières
colorantes, et de voir dans les deux cas la formation de
véritables laques. On sait que les laques ne sont autre
chose qu'un oxyde métallique associé à des matières
colorantes soustraites à leurs dissolutions par le simple
contact de ce même oxyde.

Eh bien, Messieurs ! la couche arable possède absolument les mêmes propriétés que le charbon, que la
laine, que les fibres textiles, que certains oxydes mé-
talliques. Si l'on fait filtrer du purin étendu d'eau à
travers de la terre arable, il se décolore et s'appauvrit
de la plus grande partie des sels alcalins (sulfates,
phosphates de potasse, d'ammoniaque) qui lui sont
propres. Cependant, malgré les analogies les plus apparentes, la terre arable fait plus que d'absorber, elle
décompose.

Dans le purin, la potasse et l'ammoniaque se trouvent

à l'état de sel, c'est-à-dire combinées avec un acide; néanmoins ces deux substances sont retenues par la terre arable comme si elles étaient isolées. La terre doit probablement sa faculté décomposante à ce qu'elle renferme de la chaux et de la magnésie, car lorsqu'on en agite avec une dissolution de sulfate d'ammoniaque et que l'on jette le mélange sur un filtre de papier, le liquide qui passe ne renferme que du sulfate de magnésie ou de chaux.

Cette explication paraît d'autant plus autorisée que le charbon pur absorbe certaines substances salines dissoutes dans l'eau sans les décomposer, tandis que le charbon animal (mélange intime de charbon très-poreux, de phosphate et de carbonate de chaux) absorbe ces mêmes sels en les décomposant. On voit que, dans ce cas particulier, le phosphate et le carbonate de chaux, qui font partie du charbon d'os ou charbon animal, agissent chimiquement, en déterminant sans doute de doubles décompositions.

Les faits que nous venons de mettre en relief nous montrent que la terre arable doit contenir les mêmes éléments sous deux états distincts. Ainsi une terre arable argileuse qui aura été arrosée avec du purin, par exemple, contiendra de la potasse à l'*état chimique*, pareille à celle qui se trouve engagée dans les particules feldspathiques qui font partie de l'argile, et puis de la potasse à l'*état physique*, telle que celle qui adhère à la surface des particules du sol, en vertu de cette attraction propre aux corps poreux et que nous avons désignée jusqu'à présent sous le nom de *faculté absorbante*.

En imaginant un cube de terre arable vierge qui serait arrosé peu à peu avec une dissolution de principes fertilisants, il n'est pas difficile de comprendre que les couches superficielles de ce cube seront relativement plus fertiles que les couches sous-jacentes. Les engrais qui y pénétreront à l'état liquide satureront la première tranche, et puis la seconde, et puis la troisième, de façon que la diffusion dans le cube entier ne s'effectuera que par tranches successives, dont les plus profondes seront nécessairement le moins bien partagées.

On conçoit aussi sans peine que les principes nutritifs combinés physiquement offrent la forme la plus favorable à leur absorption par les racines et, par conséquent, la condition la plus favorable de fertilité; car, s'il est vrai que les racines sont incapables de vaincre la force qui retient la potasse unie à la silice dans les silicates de cette base, l'acide phosphorique uni à la chaux dans le phosphate calcaire, il n'en est plus de même lorsque la silice, la chaux, la potasse, l'acide phosphorique se trouvent dans cet état particulier, que nous avons désigné par le nom d'*état physique*, état où leur dissolution dans l'eau devient facile.

La différence qui doit exister entre un sol cultivé et un sol inculte est aisée à expliquer d'après ce qui précède.

Les labours, les influences atmosphériques et climatériques augmentent l'énergie des forces qui désagrégent les roches et contribuent à la répartition uniforme des éléments nutritifs qui y sont engagés.

Les éléments combinés chimiquement deviennent solubles, à la faveur de l'acide carbonique et d'autres dissolvants, et acquièrent dans le sol la forme sous laquelle la plante peut se les approprier. Le sol inculte, éprouvant d'une manière très-lente les influences désagrégatrices, décomposantes et dissolvantes, ne peut acquérir que graduellement et peu à peu les caractères de la bonne terre arable : aussi est-ce sur les terres incultes que les plantes vivaces et les mauvaises herbes, dont l'absorption est moindre dans un temps donné, mais d'une durée plus grande, réussissent mieux que les plantes annuelles, dont la végétation rapide exige une quantité beaucoup plus considérable d'éléments nutritifs pour se développer entièrement.

Un sol rémué depuis longtemps par les cultures et les labours devient de plus en plus propre à la production des plantes annuelles, car les influences qui décomposent les combinaisons chimiques, pour en faire passer les éléments à l'état de *combinaison physique,* et par conséquent à l'état d'aliment, se renouvellent et agissent sans cesse. Or, pour être fertile dans toute l'acception du mot, le sol doit pouvoir fournir de la nourriture aux racines des plantes dans tous les endroits qu'elles atteignent, et quelque petite qu'en soit la quantité, il doit en contenir partout la même proportion.

On peut donc admettre en principe, avec le baron Liebig, *que la puissance nutritive du sol est en raison des éléments nutritifs qu'il renferme à l'état de combinaison physique.*

Le sol richement pourvu d'éléments nutritifs à l'état de combinaison chimique est précieux, dans ce sens qu'il dispose des éléments nécessaires pour réintégrer les *combinaisons physiques*, qui s'épuisent sous l'influence de la succession des cultures. Un exemple d'un sol de cette nature, nous le trouvons à Lois-Weedon, entre les mains du Révérend Samuel Smith. Je vous l'ai dit, il y a deux ans, le sol de Lois-Weedon, plus il est labouré et émietté, plus il devient fertile, sans le concours d'engrais d'aucune sorte ; mais ce prodige tient à ce que la terre est riche en combinaisons chimiques qui, sous l'influence des agents atmosphériques et climatériques, se décomposent et passent à l'état de *combinaisons physiques*.

Si vous vous pénétrez de cette idée que, pour servir à la nutrition végétale, les principes alibiles du sol doivent se trouver dans un état particulier qui les rend faciles à se diffuser et à céder, sous l'influence des racines, à l'action de l'eau, et que cet état particulier, quel que soit le nom qu'on lui donne, n'est pas, à beaucoup près, celui sous lequel ces mêmes principes se trouvent engagés dans les roches, vous résoudrez avec facilité bien des questions culturales qui jusqu'à ce jour vous ont paru les plus mystérieuses.

En vous mettant à ce point de vue, Messieurs, ne vous expliquez-vous pas facilement les résultats de l'alternance et de la jachère ? Lorsque vous cultivez des plantes à racines pivotantes qui vont puiser la majeure partie de leur nourriture dans le sous-sol, vous savez que vous ne nuisez en rien à la récolte des céréales qui leur succède ; cependant, si les cultures céréales se suivent pendant plusieurs années sur le même sol, elles finissent par ne plus être rémunératrices. La jachère vient alors à votre secours, et si elle est continuée pendant un temps suffisant, les récoltes céréales s'améliorent.

Tous ces faits, que l'analyse chimique est impuissante à expliquer, la théorie de la *combinaison physique* en rend compte avec une grande simplicité. En effet, pendant la culture des racines, les influences atmosphériques, aidées par des façons diverses, réintègrent dans les premières couches les principes nutritifs que les cultures céréales précédentes ont enlevés ; en même temps elles contribuent à une plus grande diffusion des principes fertilisants accumulés près de la surface, de façon qu'un plus grand volume de terre se trouve pourvu de nourriture végétale. Mais, à la longue, la réintégration et la diffusion sont dépassées par des récoltes céréales continuées sur le même sol ; alors l'amoindrissement de celles-ci reparaît, et la jachère devient indispensable, si l'on ne peut la remplacer par de très-abondantes fumures.

Pendant la période de jachère, ont lieu les mêmes phénomènes que nous venons de signaler pour l'alternance, mais sur un plus grand volume de terre ; et, à dire vrai, la jachère, que nous croyons avoir supprimée dans nos systèmes de culture, y tient toujours une grande place ; seulement, elle est masquée par des cultures auxquelles le sous-sol fournit la plus grande partie de la nourriture qui leur est nécessaire.

L'on voit donc que la jachère, quelle que soit sa forme, n'augmente pas la quantité des matières alimentaires, mais la portion de ces matières qui sont devenues assimilables ; en d'autres termes, la jachère a pour résultat de faire passer les éléments nutritifs du sol de l'état chimique à l'état physique.

Ce que je viens de dire d'une manière générale de tous les éléments nutritifs minéraux s'applique en particulier à chaque élément utile à la végétation. Ainsi, il peut se faire qu'un sol siliceux, par exemple, soit devenu stérile, ayant été épuisé, à la suite de récoltes céréales trop souvent répétées, de toute la portion de silice assimilable qu'il renfermait. Tout en restant siliceux, il n'est donc pas moins devenu infertile, faute de silice. Et ici, je dois vous faire remarquer combien l'analyse chimique est peu utile pour résoudre certaines questions agricoles ; car, quand même elle parviendrait à distinguer dans quelles proportions un même élément se trouve sous les deux formes d'état physique et d'état chimique (ce qui me paraît fort difficile), elle ne dira jamais si la portion qui est à l'état de combinaison chimique est de nature à se décomposer sous l'influence des agents atmosphériques et à passer à l'état de combinaison physique.

Un exemple fera mieux comprendre ma pensée. On sait que le granite est composé de feldspath, de mica et de quartz. Il y a des granites, je vous l'ai dit, qui se désagrègent, d'autres qui conservent leur état de cohésion ; parmi ceux qui s'émiettent, il y en a dont le principe feldspathique se décompose facilement et devient bientôt kaolin, tandis que pour d'autres ce même principe résiste, sinon toujours, du moins pendant longtemps, à toutes les actions décomposantes.

Qu'un chimiste vienne vous dire que dans une terre granitique il y a des fragments de feldspath, rien n'est plus simple; mais quelque habile qu'il soit, il ne pourra jamais affirmer que ces fragments sont de nature à se décomposer en peu de temps et à se transformer en kaolin.

Or, de la plus ou moins prompte kaolinisation d'un feldspath dépend le passage plus ou moins rapide de la potasse et de la silice (éléments constituants de ce même feldspath) de l'état alibile ou alimentaire à l'état assimilable ; ou, si vous aimez mieux, de l'état de combinaison chimique à celui de combinaison physique.

Si vous avez bien saisi le rôle de la jachère, il vous sera aisé de comprendre de quelle manière on peut en rendre ses effets plus prompts et à la fois plus efficaces.

Si, pendant la période de jachère, les principes alibiles du sol deviennent assimilables et se diffusent, c'est que pendant cette période ils éprouvent l'action de la chaleur, du froid, de l'eau, de l'oxygène et de l'acide carbonique. Les alternatives de chaud et de froid sont des causes puissantes de désagrégation ; l'oxygène de l'air, en modifiant la nature chimique de certaines combinaisons, en détermine à son tour le délitement ; l'acide carbonique et l'eau contribuent à la dissolution des principes modifiés et délités, par conséquent à leur diffusion dans le sol. Cela admis, il est évident que tout ce qui tendra à exalter l'influence de ces agents tendra également à en augmenter les effets.

Voilà pourquoi, avec le concours des fumures et des labours, on abrège la période de jachère. Les labours, en même temps qu'ils contribuent à rendre homogène le sol, en en répartissant également les principes fertilisants, en rendent chaque particule perméable à l'air dont l'action bienfaisante s'étendra ainsi aux couches profondes. Les substances organiques animales ou végétales, en se décomposant dans le sol, constituent des sources faibles, mais persistantes, d'acide carbonique ; d'un autre côté, si le sol est ombragé par une plante riche en feuilles, il se desséchera plus difficilement, et l'humidité dont il sera continuellement imprégné hâtera, pour sa part, la dissociation et la transformation des principes alibiles.

Cependant, dans un sol poreux de nature calcaire, la décomposition des substances organiques marche plus rapidement que dans une terre argileuse. La présence de la chaux détermine l'oxydation de l'ammoniaque, qui se transforme en acide azotique ; aussi toutes les terres calcaires abandonnent-elles des azotates de chaux ou de magnésie à l'eau, puisque le sol arable ne retenant pas l'acide azotique, celui-ci passe dans le sous-sol après s'être combiné avec ces deux terres.

C'est pourquoi la jachère appliquée aux terres calcaires riches en détritus organiques est peu favorable aux céréales et convient au contraire aux plantes à racines pivotantes.

On ne saurait assez se pénétrer de cette vérité que

l'épuisement d'une terre cultivée provient toujours du manque d'un ou de plusieurs principes assimilables dans les parties du sol qui sont en contact avec les racines. Dès que celles-ci ne trouvent plus de l'acide phosphorique, par exemple, à l'état assimilable, ou de combinaison physique, la potasse et la silice, tout en étant assimilables, restent inactives comme le sol reste improductif. Ce qui est vrai pour l'acide phosphorique relativement à la potasse et à la silice, est également vrai pour celles-ci relativement à l'acide phosphorique. Admettez en principe, Messieurs, que si un seul des éléments fixes nécessaires aux plantes fait défaut dans le sol, tous les autres deviennent inertes. Le maximum de fertilité d'un sol correspond à la meilleure pondération réciproque des éléments nutritifs assimilables qu'il renferme.

Si vous vous familiarisez avec ces vérités et avec toutes celles que nous nous sommes évertué de faire pénétrer dans vos esprits, bien des faits qui jusqu'à ce jour vous ont paru des anomalies deviendront parfaitement explicables, et dès ce moment ils vous sembleront naturels; de plus, avec un peu de réflexion, vous reconnaîtrez par vous-mêmes, d'une part la justesse, et d'autre part l'inanité de certaines pratiques culturales que l'on suit par routine et dont on ne s'est jamais rendu un compte exact.

Ainsi, pour en donner un exemple, on a rangé avec raison parmi les substances fertilisantes le sel de cuisine, le nitrate de soude, qu'on appelle aussi salpêtre du Chili, et les sels ammoniacaux. Cependant, ces substances ne produisent parfois que des résultats douteux et souvent inappréciables. Pourquoi? Les causes de la non réussite peuvent être complexes, mais toujours saisissables, lorsqu'on les cherche avec soin. D'abord, ces substances agissent en apportant au sol des principes nutritifs sans doute, mais dont l'effet ne se manifeste qu'autant que le sol en est préalablement dépourvu. On ne peut pas compter sur de bons résultats lorsque la terre n'a pas besoin des engrais qu'on lui donne; ou bien encore les réclamerait-elle en même temps que d'autres de nature différente, l'échec ne manquerait pas moins d'arriver, car ce que vous donneriez serait insuffisant et ne satisferait pas à toutes ses exigences.

Les substances fertilisantes que nous considérons dans ce moment jouissent d'une propriété qu'elles ne partagent pas avec les autres engrais. Le sel de cuisine, le nitrate de soude et les sels ammoniacaux sont de véritables dissolvants des phosphates et des silicates; ils agissent sur ces composés comme agit l'acide carbonique. Supposons donc qu'en emblavant un champ en automne, on y ait introduit des phosphates, et que l'hiver ait été sec : il est probable qu'au printemps le froment n'aura pas une belle apparence; mais si sur ce champ, arrosé par de légères pluies printanières, vous répandez du nitrate de soude ou du sulfate d'ammoniaque et même du sel marin, bientôt la végétation se ranimera et vous aurez une belle récolte. C'est que ces substances salines, aidées par la pluie, ont servi de dissolvant au phosphate de chaux, qui pendant un hiver sec n'avait pu se diffuser pour se répartir dans le sol et pour arriver au contact des racines. Si l'hiver avait été humide; si le sol avait reçu de l'eau, soit de la neige qui l'aurait recouvert pendant quelques semaines, soit de la pluie, et si le printemps avait été en revanche chaud et sec, l'intervention de ces sels aurait été inutile.

Quelques réserves sont toutefois nécessaires.

On est assez porté à confondre le salpêtre du Chili avec notre salpêtre ordinaire, et à préférer celui-là, à cause de son bas prix. Cependant, le premier est un composé d'acide nitrique et de soude, tandis que notre salpêtre, au lieu de soude, renferme de la potasse. Or, si l'on compare l'action de la terre arable sur la potasse et sur la soude, on trouve qu'elle est moins énergique pour cette dernière que pour l'autre; de telle sorte qu'un volume de terre, qui enlève toute la potasse contenue dans une dissolution, laisse passer, sans les décomposer, les trois quarts du chlorure de sodium et la moitié du nitrate de soude qui se trouvent dans des liquides où la soude et le sodium sont en proportion équivalente à la potasse dissoute.

Ainsi donc, ce serait déraisonnable d'attendre du salpêtre du Chili le même effet que du salpêtre ordinaire; ce serait plus déraisonnable encore de croire que le sel marin peut être aussi efficace que le nitrate de soude et le sulfate d'ammoniaque. Le sel marin et le nitrate de soude ont un élément commun, il est vrai, mais l'acide de ce dernier sel est une substance azotée; de plus, sous l'influence des matières organiques du sol et avec le concours de certaines circonstances particulières, cet acide peut se transformer en ammoniaque, substance que la terre absorbe avec une grande énergie et que les racines utilisent avec prédilection.

Quant au sulfate d'ammoniaque et, par extension, aux autres sels ammoniacaux, nous dirons que, quoique doués d'une faculté dissolvante moitié plus grande que celle du sel marin, tant qu'on les fait agir dans des verres, il n'en est plus ainsi quand ils agissent dans les champs. Lorsque les phosphates insolubles sont engagés dans l'intérieur de la terre, ils n'éprouvent pas de la part des sels ammoniacaux une influence dissolvante plus grande que celle du sel marin et du nitrate de soude, attendu que la terre arable les décompose et leur soustrait l'ammoniaque.

Les sels ammoniacaux ne peuvent donc pas circuler et fonctionner comme le sel de cuisine et le salpêtre, mais, en revanche, l'influence qu'ils exercent dans les couches superficielles du sol est des plus prononcées. Suivant Feichtinger, les dissolutions des sels ammoniacaux décomposent plusieurs silicates, et même le feldspath dont ils dissolvent la potasse, en sorte que non seulement elles enrichissent d'ammoniaque la couche arable, mais rendent assimilables des éléments nécessaires aux plantes, éléments qui, pendant longtemps encore, seraient restés dans le sol comme de la matière inerte, à cause de leur état de combinaison chimique.

Tout en séparant l'un de l'autre le sel marin, les nitrates alcalins et les sels ammoniacaux, sous le rapport du degré différent de leur action, ces composés ne se rapprochent pas moins par leur propriété commune de fournir des aliments assimilables au sol et de servir de dissolvant à certains composés terreux. L'on conçoit très-bien comment, avec une distribution convenable de sel marin, substance qui ne renferme aucun principe de la graine, on puisse provoquer néanmoins une bonne récolte céréale. Admettons, en effet, qu'à la suite d'une récolte sarclée, la terre se trouve appauvrie de phosphate, et que, malgré les labours préparatoires de l'ensemencement, le phosphate qui existe encore dans le sol soit loin d'être également réparti sur toutes les particules de la couche où germeront plus tard les semences; il est évident que, dans ces conditions, les nouvelles racines ne pourront pas prendre un grand développement, et que les feuilles et les tiges ne pourront pas élaborer les principes phosphatés nécessaires à la formation de la graine. Mais que l'on vienne en temps opportun répandre du sel marin ou du nitrate de soude sur la récolte, ces sels, si une légère pluie survient, pénétreront dans le sol, dissoudront une partie du phosphate qu'ils y rencontreront et le répandront ainsi d'une manière uniforme dans la couche où végètent les racines; dès lors, ces appareils seront à même d'absorber un aliment qui leur avait fait défaut et qui leur permettra désormais de préparer une bonne grenaison.

Ce que nous avons dit jusqu'à présent se rapporte principalement à la diffusion des phosphates; mais ces composés ne sont pas les seuls d'où dépend la fertilité d'un sol. Pour certaines cultures, la diffusion de la silice et des silicates est aussi importante que celle des phosphates.

Nous verrons dans la prochaine séance par quels moyens la nature pourvoit de silice les plantes qui en sont avides.

SIXIÈME LEÇON.

Fonctions du sol (suite et fin).

MESSIEURS,

Plusieurs faits paraissent démontrer que plus une terre arable est riche en détritus organiques, moins elle absorbe de silice. Il est certain qu'une terre où abonde de la matière végétale, étant mise en contact avec son volume d'une dissolution de silicate de potasse, absorbe beaucoup moins de ce sel qu'une terre pauvre de débris végétaux ou animaux. Mais cela n'empêche pas que ces débris n'influent favorablement sur la diffusion de la silice. Leur présence dans le sol produit deux effets immédiats : le premier, c'est de donner naissance à de l'acide carbonique; cet acide dissout les silicates : le second, c'est de diminuer la faculté absorbante du sol. Il résulte de cela que les silicates dissous à la faveur de l'acide carbonique, étant faiblement attirés par le sol, se répandent dans un plus grand volume de terre, de sorte que, grâce à la présence des débris organiques, chaque particule d'un fort volume de terre peut se trouver pourvue de silice. Cela explique pourquoi des terres peu argileuses ne peuvent porter de céréales qu'après avoir été à l'état de prairies plusieurs années; c'est que, pendant cette période, des débris organiques s'y sont accumulés, et dès lors la diffusion de la silice y est devenue facile. C'est pour la même raison que certains terrains, notamment ceux qui sont riches en calcaires, deviennent si favorables à la production des céréales, dès qu'ils ont été amendés avec de la tourbe. Cette substance, de nature essentiellement végétale, facilite la diffusion de la silice qui est aussi nécessaire à la formation de la paille que l'acide phosphorique est indispensable à la formation de la graine.

Bien que l'abondance de silice assimilable soit une condition de réussite des céréales, néanmoins un grand excès peut leur être défavorable autant qu'un défaut. En effet, une terre où prospèrent la prêle et le roseau, plantes très-silicifères, est impropre à la culture du blé : on répare cet inconvénient par le drainage et par le chaulage, opérations qui ont pour effet de détruire les substances organiques, d'augmenter, par cela même, la faculté absorbante du sol pour les silicates, et d'empêcher, par conséquent, une trop grande diffusion de la silice assimilable.

Le baron Liebig nous fait connaître une expérience qui montre l'influence qu'exerce le chaulage sur les terres très-humiques, pour leur rendre le pouvoir absorbant que leur avaient enlevé les substances organiques.

Un litre de terre de bois, contenant 30 0/0 d'humus, ayant été mise en contact avec une dissolution de silicate de potasse, absorba une quantité telle de ce sel que la silice qui en faisait partie ne correspondait qu'à 15 milligrammes.

Un litre de la même terre, à laquelle on avait ajouté préalablement 10 0/0 de craie ou chaux carbonatée, absorba, dans les mêmes circonstances, 1,140 milligrammes de silice, sous la forme de silicate de potasse : elle en absorba 3,169 lorsque la craie fut remplacée par de la chaux vive.

Ainsi donc, d'après cette expérience, en représentant par 1 le pouvoir absorbant d'une terre (à 30 0/0 d'humus) pour la silice, ce pouvoir est devenu 77 fois plus considérable sous l'influence du marnage et 211 fois sous l'influence du chaulage.

En résumé :

Faculté d'absorption de la terre humique. .   **1**
   Id.   id.   id. marnée. . .   **76**
   Id.   id.   id. chaulée. . .   **211**

On se tromperait fort si de ces faits on voulait tirer des conclusions générales; en agissant ainsi, on méconnaîtrait l'action complexe de la chaux. Ainsi, par exemple, le cultivateur qui, par un chaulage, aurait amélioré son champ parce que la chaux en aurait neutralisé l'acidité et détruit une grande partie de ses matières organiques, ne devrait pas croire qu'un nouveau chaulage produirait les mêmes effets, ou bien encore que le chaulage appliqué à un champ de nature toute différente occasionnerait les mêmes améliorations.

Il est certain que les chaulages répétés dans des terres glaiseuses ou argileuses sont toujours utiles, parce qu'ils les ameublissent et les enrichissent à la fois de potasse assimilable, en hâtant la décomposition des débris feldspathiques propres à toutes les argiles ; mais dans des terrains non argileux et très-humifères, l'action bienfaisante de la chaux ne peut être que temporaire, ou du moins elle se fera sentir seulement tant qu'il y aura excès d'humus.

A propos d'humus et de la richesse du sol en matières organiques, il existe des préjugés qu'il est temps de faire disparaître. On croit généralement que plus une terre renferme de substances végétales et animales, plus elle doit être fertile. Cependant, rien n'est plus faux. Lorsque des plantes végètent dans un sol dont les principes organiques ont déjà éprouvé une profonde décomposition et sont passés à l'état d'humus, elles peuvent parfaitement prospérer, sauf le cas où le grand excès d'humus, en facilitant au-delà de certaines limites la diffusion de la silice, appellerait de mauvaises herbes ou communiquerait à la terre les caractères de l'acidité. Mais, lorsque les détritus organiques se putréfient dans le voisinage, et, à plus forte raison, au contact des racines, le travail chimique de celles-ci est troublé, et les signes de la souffrance ne tardent pas à paraître. On a déjà remarqué qu'un sous-sol enrichi

de matières organiques non décomposées ne favorise
pas les cultures de végétaux à racines longues et pivotantes, tels que la betterave, le navet, le trèfle, l'es-
parcette, les pois et les fèves; cela arrive surtout
lorsque le sous-sol est argileux et peu perméable à
l'air. Il paraît que les phénomènes lents de putréfaction
qu'éprouvent les substances végétales et animales
enfouies dans le sol se communiquent aux racines, qui
deviennent malades et présentent aux œufs des in-
sectes et aux spores des champignons des conditions
propices à leur développement; car, Messieurs, aucune
plante, à l'exception des champignons, ne prospère
dans un sol qui renferme des matières en putréfaction.
Une expérience de Gasparini, rapportée par Russell,
vient à l'appui de mon assertion.

Gasparini sema dans un pot plein de terre lavée du
Vésuve quelques graines d'épautre qui produisirent
autant de plantes ayant tous les caractères d'une bonne
santé. La même expérience fut répétée dans un autre
pot, où se trouvait enfoui un morceau de pain; toutes
les racines voisines de la croûte périrent; les autres
s'en éloignèrent, pour se rapprocher des parois du pot.

Ce qui précède montre toute l'utilité des chaulages
et des drainages dans les terres enrichies de racines
laissées par les cultures précédentes. L'aération et la
chaux hâtent la décomposition définitive des racines
restées dans le sol; en abrégeant la période de leur
putréfaction, on diminue d'autant les chances d'une altération morbide des cultures ultérieures.

Maintenant que nous avons parlé des auxiliaires chi-

miques auxquels le cultivateur peut recourir pour répartir et rendre assimilables les principes alimentaires
des plantes, nous allons examiner d'une manière plus
spéciale les moyens mécaniques à l'aide desquels il
peut arriver aux mêmes résultats.

Tout le monde sait que les racines se dirigent du
côté où elles trouvent leur nourriture, comme si elles
y voyaient ou comme si elles y étaient conduites par
l'odorat. En effet, on découvre quelquefois des morceaux
d'os enterrés à une certaine profondeur, qui sont complétement enveloppés par un lacis de racines, dont la
plante à laquelle elles appartiennent s'en trouve assez
distante; on voit que ces racines ont été, pour ainsi
dire, attirées par l'os, qui les a ainsi éloignées de l'em-
placement où elles ont pris naissance.

En parcourant un certain espace à travers les particules de la terre, les racines n'avancent pas à la façon
d'un clou qu'un marteau enfonce dans un mur, mais par
la superposition de couches qui augmentent leur volume
de dedans en dehors. Tandis que les anciennes couches
deviennent épaisses et imperméables à l'eau, les nouvelles sont très-minces, ainsi que les parois et les cellules auxquelles elles donnent naissance. Leur flexibi-
lité facilite leur contact avec les particules terreuses,
contact que rend plus intime la diminution de pression
intérieure occasionnée par l'évaporation des feuilles.
La terre et la cellule sont donc serrées l'une contre
l'autre. Entre le contenu liquide de la cellule et les
substances nutritives qui adhèrent, sous la forme de
combinaison physique, à la surface de la particule de

terre, il doit y avoir une affinité chimique, laquelle, avec le concours de l'eau et de l'acide carbonique, détermine l'introduction des éléments nutritifs dans la plante. Ce qui paraît prouver que les principes assimilables contractent une véritable combinaison chimique, en perdant leurs caractères individuels, soit au moment où ils traversent les parois récentes des racines, soit immédiatement après les avoir traversées, c'est que, dans le suc frais de ces mêmes racines, on ne trouve jamais des phosphates de chaux ou de magnésie, ni des carbonates de ces mêmes bases, pas plus que des carbonates alcalins. Cependant la potasse, la soude, la magnésie et la chaux font partie du suc; seulement, ces bases sont combinées avec des acides particuliers, tels que les acides oxalique, tartrique, malique, acétique; les phosphates terreux apparaissent dès que la fermentation a détruit ou modifié la substance azotée avec laquelle ils étaient combinés.

Tout le monde est d'accord sur la grande utilité des labours, dont les effets sont d'autant plus remarquables que le mélange qu'ils ont déterminé dans le sol a été plus parfait. Aussi le travail de la bêche est-il plus efficace que celui de la charrue. Ce mélange, ce retournement, ce déplacement des particules terreuses, effectués par les instruments de labour, ont pour effet d'offrir aux plantes une nouvelle provision de substances nutritives, là même où l'année précédente d'autres végétaux s'étaient alimentés.

Toutefois, l'intervention des labours, quelque utile qu'elle soit, ne vaudra jamais celle des agents chimiques pour répandre uniformément dans le sol les matériaux nutritifs qu'il renferme. En effet, si certains agents chimiques, tels que le sel marin, le salpêtre du Chili, sont de vrais dissolvants des aliments minéraux des plantes, il est évident qu'ils agiront vis-à-vis du sol comme agirait de l'eau sucrée vis-à-vis de la farine. Qu'on mêle ensemble tant qu'on voudra de la farine et du sucre, ce dernier ne se trouvera jamais aussi bien réparti dans la masse que s'il y était introduit à l'état de dissolution.

En considérant donc, au point de vue des résultats, les labours et certains dissolvants comme étant de même nature, au degré près, on conçoit qu'ils puissent se remplacer mutuellement dans un sol suffisamment pourvu de principes alibiles. C'est ainsi, en effet, qu'on peut s'expliquer les prodiges de Lois-Weedon : ici, vous ne l'avez pas oublié, la terre devient de plus en plus fertile, rien qu'en la ramenant à un état d'extrême division par les labours ; et lorsqu'on voit un champ devenir très-productif à la suite d'un bêchage et de l'aspersion d'un peu de sel marin dissous dans l'eau, on est tenté, pour s'expliquer un pareil effet, de comparer les labours aux dents qui broient et divisent les aliments, et l'eau salée aux sucs de l'estomac, qui aident et facilitent la digestion.

Une conséquence découle de ce qui précède, c'est que l'habileté du cultivateur consiste à bien choisir les moyens pour rendre efficaces les éléments nutritifs que le sol renferme et à faciliter l'accès des racines aux endroits où leur nourriture est déposée. Aussi une terre

lourde et tenace, quelque riche qu'elle soit en substances nutritives parfaitement assimilables, ne pro-
duira-t-elle jamais d'abondantes récoltes de ces plantes,
dont les racines déliées et délicates auraient peine à
s'ouvrir une voie pour trouver leur nourriture. Il est aisé
de comprendre pourquoi, dans de pareils sols, l'enfouis-
sage des récoltes vertes ou des fumiers frais est si
utile. C'est qu'un sol compact traité de la sorte perd
de sa cohésion et devient plus meuble que par les labours les plus soignés, et, chose remarquable, les terrains sablonneux eux-mêmes acquièrent plus de consistance lorsqu'on les soumet au même traitement.
Dans tous les cas, les tiges et les feuilles enfouies en
vert, en se décomposant, donnent naissance à un ré-
seau de conduits par où les racines délicates des céréales s'insinuent pour aller à la recherche de leur
nourriture. Si les céréales d'hiver réussissent très-
bien après une plante sarclée, c'est moins à cause des
principes fertilisants que celle-ci laisse dans le sol par
ses débris, qu'aux modifications physiques que ces
mêmes débris apportent à la terre à la suite de leur décomposition. Ainsi, les enfouissages des récoltes vertes
et des fumiers pailleux et les cultures sarclées peuvent
être considérés comme des équivalents des labours,
ce qui n'empêche pas de faire la part des principes assimilables dont ces différents moyens enrichissent
le sol.

La grande influence qu'exerce la constitution physique sur les récoltes est rendue évidente par le drainage. En faisant disparaître l'excès d'humidité, le drai-

nage rend le sol plus poreux et par conséquent plus perméable à l'air : celui-ci exercera désormais son action féconde sur le sous-sol aussi bien que sur la couche arable et contribuera, par son libre mouvement de la surface aux drains et des drains à la surface, à élever en hiver la température des couches supérieures.

Un second résultat non moins remarquable du drainage, c'est de fournir la preuve que les plantes ne peuvent pas recevoir leur nourriture de l'eau qui circule dans le sol, ce qui est en opposition directe avec l'opinion générale. On dit, en effet, que les abondantes pluies lavent les terres, ce qui implique l'idée de soustraction des principes fertilisants par voie de dissolution. Nous allons voir que les substances dissoutes dans l'eau circulant dans le sol n'ont qu'une part minime dans la nutrition des végétaux.

Si toutes les parties solubles des engrais que l'on introduit dans une terre drainée étaient entraînées par les eaux pluviales, il est évident qu'on les trouverait dans les eaux qui sortent des drains. Cependant, les analyses les plus soignées ne signalent dans ces eaux que des quantités minimes de différents sels, dont ceux à base de potasse sont représentés seulement par des traces. Quant à l'ammoniaque et à l'acide phosphorique, ils y font généralement défaut. Ce que l'on y trouve en proportions assez appréciables sont les sels terreux, quelquefois des nitrates et des sels à base de soude; c'est-à-dire les principes qui ont peu d'aptitude à entrer en *combinaison physique* avec la terre.

Si, au lieu de l'eau des drains, on examine l'eau des

lysimètres, c'est-à-dire l'eau qui a traversé une couche
de terre d'une épaisseur connue, on arrive encore à la
même conclusion. Ainsi, le docteur Fraas, après avoir
fait analyser toute l'eau de pluie qui, pendant six mois
(avril à octobre), était tombée sur des couches de terre
de 33 centimètres carrés de surface et de 16 centimètres de profondeur, les unes fumées et semées en
orge, les autres seulement fumées et non ensemencées,
d'autres enfin ni ensemencées ni fumées, a trouvé que
la potasse enlevée à un hectare de terre non fumée,
sans végétation et ayant l'épaisseur de 16 centimètres,
pesait 5 kilogrammes 160 grammes, tandis qu'elle
pesait 360 grammes de plus lorsqu'elle provenait d'une
terre fumée et portant de l'orge. En tenant compte des
cendres de l'orge récoltée dans les lysimètres, et en
comparant entre eux les résultats des différentes expériences, le docteur Fraas est arrivé à cette conclusion
que l'orge emprunte vingt-sept fois plus de potasse à
la terre qu'à l'eau, et qu'un hectare de terre, épais de
16 centimètres, étant bien fumé par du fumier de
vache, abandonne aux eaux qui le traversent pendant
six mois 12 kilogrammes 600 grammes de potasse.
Cette quantité est insignifiante, car une récolte moyenne
de pommes de terre, provenant d'un hectare, contient
100 kilogrammes de potasse, et une récolte de navets
en contient 248. Quand même toute la potasse dissoute
dans l'eau de pluie serait absorbée par la plante, elle
fournirait à peine aux pommes de terre le huitième, et
aux navets le vingtième de la quantité qui leur est nécessaire. Remarquez, Messieurs, que jusqu'ici nous

avons supposé que la plante enlève à l'eau toute la potasse qu'elle tient en dissolution; mais cela est impossible, attendu que toute l'eau qui traverse un hectare de terre cultivée et portant récoltes ne rencontre pas nécessairement des racines sur son passage; et si l'on compare la surface totale des racines contenues dans un hectare au volume de la terre qui les entoure, on voit que les liquides nutritifs qui circulent dans le sol ne prennent qu'une faible part aux phénomènes de nutrition.

Nous pouvons donc conclure que ce n'est pas l'eau qui se meut dans le sol qui contribue directement et immédiatement à la nutrition des plantes, mais celle qui humecte assez les particules de terre pour qu'elles puissent céder aux racines les substances nutritives qu'elles tiennent en réserve.

En disant que les racines tirent leur nourriture de la terre qui est en contact avec leurs parties absorbantes, on ne prétend pas établir que la potasse, la chaux, les phosphates pénètrent à travers la membrane cellulaire sans dissolution préalable; on ne prétend pas non plus que les principes nutritifs dissous dans l'eau en mouvement ne puissent, dans certaines conditions, être absorbés par les racines; mais on veut seulement dire qu'il existe entre la surface de la racine, les particules de terre et l'eau qui les humecte, une réaction réciproque qui n'a pas lieu entre l'eau et les particules de terre. On admet comme extrêmement probable que les principes nutritifs qui, dans un état de division extrême, adhèrent à la surface extérieure des particules de terre, sont en contact direct avec le liquide des cellules à parois poreuses et perméables par l'intermédiaire d'une couche d'eau extrêmement mince, et que c'est dans les pores même de la membrane cellulaire qu'a lieu leur dissolution et par conséquent leur introduction dans l'économie de la plante.

Une expérience aussi facile que curieuse confirmera ce que je viens de dire. Qu'on remplisse, avec de l'eau légèrement acidulée, un verre qu'on fermera ensuite avec une vessie, de manière qu'il y ait contact entre celle-ci et le liquide. Si sur la surface extérieure et sèche de la vessie on répand un peu de phosphate de chaux très-divisé, cette substance disparaîtra au bout de quelques heures, et les réactifs ordinaires en indiqueront la présence dans le liquide du verre. Il est évident que le phosphate de chaux se dissout dans les pores de la vessie où il rencontre de l'eau acidulée; et comme l'évaporation augmente la pression extérieure, cet excès, aidé du pouvoir dissolvant de l'eau, pousse à l'intérieur la solution qui s'est effectuée dans les pores.

C'est donc ainsi que nous pouvons concevoir de quelle manière les principes nutritifs, naturellement insolubles et adhérant à la surface des particules du sol, peuvent traverser les membranes des spongioles. Remarquez, Messieurs, que le suc des racines a toujours une réaction acide.

Le fait que certains végétaux donnent des fleurs et des fruits, tout en puisant exclusivement leur nour-

riture dans l'eau où l'on introduit les aliments minéraux, ne contredit pas l'opinion qui suppose aux
racines la faculté de rendre solubles et assimilables
certaines substances fixes placées à leur portée ; au
contraire, ce fait prouve combien le sol est admirable-
ment disposé en vue des besoins de la plante. En effet,
d'après les expériences de Stohmann et de Knop, la
même plante de maïs qui, élevée dans l'eau, ne pèse
que 84 grammes, en pèse 346 si elle est élevée dans
la terre pendant le même laps de temps. En comparant
les deux plantes parfaitement desséchées, celle dont
les racines ont toujours été plongées dans l'eau pèse
sept fois moins que l'autre, qui a végété en pleine
terre.

La propriété qu'a le sol de retenir en *combinaison
physique* les éléments assimilables par les plantes, est
liée avec la loi naturelle qui veut que la vie végétale
se développe sous l'action solaire uniquement dans
la croûte superficielle du globe, dont les débris constituent la terre arable. Celle-ci, en préparant la nourriture aux plantes, remplit le même rôle que l'estomac
et les viscères chez les animaux ; en même temps elle
protège la santé de l'homme en purifiant l'eau dans
laquelle se trouvent dissoutes des substances qui,
en se putréfiant, peuvent dégager des effluves mor-
tels.

Lorsqu'on réfléchit sur l'admirable faculté de la
terre arable de condenser à la surface de ses particules
les substances assimilables les plus nécessaires aux
plantes, on regrette que l'analyse chimique soit im-

puissante à déterminer les proportions de différentes
substances nutritives que le sol doit contenir pour
fournir des produits rémunérateurs. C'est de l'ignorance de cette donnée que proviennent toutes les difficultés de l'art agricole ; car le cultivateur, pour expliquer
certains faits, en est réduit à son propre raisonnement,
dont le point de départ n'est souvent qu'une hypothèse.
Ainsi, comment se rendrait-il compte, autrement que
par une supposition, de ce fait, bien des fois observé,
qu'un sol devient plus fertile par cela seul qu'on lui
ajoute du sable, quoique son état physique ne récla-
mât pas un pareil amendement? On peut expliquer
ce fait en disant que le sable mélangé aux particules
du sol développe davantage leur surface de laquelle
dépend l'absorption des substances assimilables. A
défaut du flambeau de la chimie, c'est par le raisonnement qu'on s'explique pourquoi un sol à seigle
est impropre à produire du froment, bien que la
différence absolue entre les quantités de principes
fixes, absorbés par ces deux céréales, soit de quelques
kilogrammes seulement, et que, dans l'épaisseur de
15 à 25 centimètres, la terre contienne 50 à 60 fois
autant de substances assimilables qu'il en faut au
froment pour donner une belle récolte.

Il est très-probable qu'en pareille circonstance le
froment ne réussisse pas, parce que chaque plante
ne peut se procurer, dans le temps voulu et là où elle
envoie ses racines, la nourriture dont elle a besoin.
En effet, tout en venant de dire que la différence absolue entre les quantités des principes nutritifs absorbés

par les deux céréales est seulement de quelques kilo-grammes, il n'en est pas moins vrai que le froment en absorbe moitié plus que le seigle. Pour qu'à parité de circonstances le froment pût réussir, il faudrait que la surface absorbante de ses racines fût moitié plus grande qu'elle ne l'est réellement; et comme cette surface n'entre en contact qu'avec un petit volume de terre et non avec toutes les particules pourvues de nourriture qui se trouvent en dessous de la superficie ensemencée, il faudrait, dis-je, pour faire réussir le froment sur une terre à seigle, pouvoir enrichir le sol de la moitié plus des principes assimilables qu'il con-tient déjà, ce qui est impraticable.

On voit donc que le motif pour lequel le blé ne prospère pas sur un sol à seigle, c'est que ses racines ne trouvent pas dans les particules de terre avec les-quelles elles sont en contact les aliments qui lui sont nécessaires, quoique la quantité absolue de ces ali-ments contenus dans la masse entière du sol cultivé soit très-considérable.

La grande habileté du cultivateur consiste : 1º à savoir choisir les plantes que son sol peut nourrir et à leur assigner un ordre de succession convenable; 2º à rendre assimilables les principes nutritifs du sol en les ramenant à l'état de combinaison physique; 3º à bien se persuader qu'en laissant agir les causes qui modifient la nature chimique et qui améliorent la na-ture physique du sol, on exerce une influence plus grande sur l'augmentation des rendements, qu'en pro-diguant les engrais; car ce que l'on peut donner pratiquement de principes nutritifs, sous la forme d'engrais, à une terre fertile, est une petite fraction de ce qu'elle renferme déjà. Par l'emploi des engrais, on ne peut espérer que de maintenir le chiffre du rendement des terres, ce qui est déjà extrêmement important.

L'intervention des engrais est précieuse lorsqu'elle contribue à établir une bonne pondération parmi les principes alimentaires contenus dans le sol.

Ce que je viens de dire mérite toute votre attention, Messieurs, car en général on ne se fait pas une idée exacte de la nécessité que les éléments nutritifs du sol se trouvent entre eux dans des proportions en harmonie avec les exigences des plantes qu'ils doivent alimenter. Quand un sol à blé, par exemple, contient de l'acide phosphorique et de la potasse dans les proportions voulues pour pourvoir aux besoins d'une pleine récolte, il ne deviendra pas plus productif en l'enrichissant de potasse. Pour se développer, le froment exige une certaine proportion de ces deux principes nutritifs : l'excès de l'un des deux reste sans emploi.

Ce qui est vrai pour la potasse et l'acide phosphorique est également vrai pour tous les autres principes assimilables (chaux, magnésie, silice, etc., etc.), et, par l'analyse des cendres, on peut connaître dans quels rapports ils sont absorbés par les plantes. Le tableau suivant fournit cette donnée pour le froment, la pomme de terre, l'avoine et le trèfle :

	Acide phospho-rique.	Potasse.	Chaux et ma-gnésie.	Silice.
Froment {grain | paille} ...	1	2	0,70	5,70
Pommes de terre (tubercules)......	1	3,20	0,48	0,40
Avoine {grain | paille}	1	2,10	1,03	5,00
Trèfle...............	1	2,60	4,00	1,00
Moyenne	1	2,50	1,50	3

Supposons qu'une terre contienne les quantités et les proportions de potasse, d'acide phosphorique, de chaux et de magnésie nécessaires aux quatre récoltes que nous venons d'indiquer, mais que la silice s'y trouve dans le rapport de 2,5 au lieu de 3 pour 1 d'acide phosphorique. Cette insuffisance affectera la récolte des céréales, mais non pas celles du trèfle et des pommes de terre. Si, au contraire, la potasse seulement était insuffisante, le rendement des pommes de terre s'en ressentirait, et non pas les trois autres : celui du trèfle ne manquerait pas de diminuer s'il y avait défaut de chaux et de magnésie.

Si, par rapport à l'acide phosphorique, le sol contenait 1/10e en plus des autres principes, les récoltes n'en seraient pas meilleures pour cela ; mais il en serait autrement si l'acide phosphorique augmentait en même temps. L'addition de cette substance provoquerait l'assimilation d'une plus grande quantité de chaux, de magnésie, de potasse et de silice ; mais, si l'on ajoutait plus de 1/10ᵉ d'acide phosphorique, l'excédant serait inutile.

Si, pour rétablir la juste proportion entre les éléments nutritifs, il manque de la potasse ou de la chaux, l'apport de cendres ou de calcaire fera augmenter toutes les récoltes.

Lorsque, par exemple, une terre cesse d'être fertile pour les céréales, et non pour le trèfle, les racines et les pommes de terre, produits qui exigent tout autant d'acide phosphorique, de potasse et de chaux que le froment, l'avoine, l'orge et le seigle, il faut en conclure que la silice ne s'y trouve plus dans de justes proportions avec les autres principes. Et si cette même terre redevient apte à produire des céréales, après avoir été livrée à d'autres cultures pendant quelques années, cela signifie que c'était seulement la silice assimilable qui lui faisait défaut, mais non la silice alibile; ou bien encore que la silice assimilable n'y était pas uniformément répartie, et qu'à la suite des travaux exigés par les autres cultures, cette répartition a eu lieu, le sol est devenu plus homogène, relativement à ses principes alimentaires, et dès lors les céréales ont pu y être cultivées de nouveau avec profit.

Ces considérations expliquent pourquoi certaines plantes, telles que les pois et le trèfle, ne peuvent revenir sur le même sol qu'après un intervalle de plusieurs années, et pourquoi des labours judicieux et fréquents abrégent la longueur de l'intervalle beaucoup mieux qu'une application abondante d'engrais. Il est évident que, dans ce dernier cas, ce ne sont pas les principes nutritifs, mais leur bonne répartition dans toute l'épaisseur du sol qui fait défaut.

Pour terminer l'étude du sol, il nous reste à examiner de quelle manière il agit sur les matières nutritives contenues dans les engrais.

SEPTIÈME LEÇON.

Action de la terre arable sur les engrais.

MESSIEURS,

Dans une terre fertile, les fumures et les labours ont entre eux des relations intimes. Ce serait gaspiller le fumier que d'en donner à une terre qui, après avoir fourni une abondante récolte, pourrait en produire une seconde tout aussi abondante, rien que par de bons labours.

Mais l'engrais deviendra indispensable, dès que la terre ne jouira plus d'une pareille propriété.

De deux terres de même étendue et également fumées, celle qui aura été la plus labourée sera la plus productive, si bien que celui des deux cultivateurs qui laboure le mieux ses terres aura les plus abondantes récoltes, tout en employant moins d'engrais que l'autre.

Il paraît certain que dans les terres légères, les engrais sont plus efficaces que dans les terres fortes; l'on ne peut douter non plus que parfois quelques engrais azotés, dont l'action semble se rattacher à l'ammoniaque qu'ils engendrent en se décomposant, sont plus actifs que l'ammoniaque elle-même; pareillement la poudre d'os est, dans certains cas, plus efficace que le super-phosphate, et la cendre agit mieux que la potasse.

Ces anomalies apparentes trouvent leur explication dans la faculté absorbante de la terre arable pour l'acide phosphorique, l'ammoniaque et la silice, lorsque ces substances sont à l'état de dissolution.

Si une terre épuisée récupère sa fertilité seulement par les labours ou la jachère, c'est qu'elle contenait des principes nutritifs qui, en se répartissant dans le sol, ont comblé les vides que les récoltes précédentes avaient occasionnés. Mais pour que cette répartition ait pu avoir lieu, non seulement il a fallu du temps, mais il a fallu que les principes qui se sont répartis aient trouvé un dissolvant; sans cela, ils n'auraient pu se transporter d'un point à un autre. Néanmoins, tout en se diffusant, ces principes actifs auraient été inefficaces, si les particules de la terre arable ne les avaient arrêtés au passage, soustraits à leur dissolvant et fixés dans cette sorte de *combinaison physique* dont nous avons appris à connaître les caractères dans les leçons précédentes.

Toute terre arable possède, pour les principes nutri-tifs des plantes, un pouvoir d'absorption qui, pour chaque terre particulière, peut être exprimé par le nombre de milligrammes qu'en absorbe un décimètre cube, c'est-à-dire un litre. C'est ce que montre le ta-bleau suivant.

Quantités, exprimées en milligrammes, de principes nutritifs absorbés par un litre de terres diverses.

	Potasse.	Acide silicique.	Ammoniaque.	Phosphate de chaux.
Terre calcaire..........	1360	»	5520	»
— argileuse........	2260	2007	2600	1098
— argilo-siliceuse...	2601	»	»	»
— silico-argileuse...	3377	2644	»	»
— de jardin A......	2344	2425	3240	»
— — B......	»	1085	»	»
— de bois, ou terreau.	»	15	»	»

Les différences entre les pouvoirs absorbants sont très-considérables ; un volume d'une certaine terre argilo-siliceuse absorbe presque le double de potasse qu'un volume égal d'une certaine terre calcaire ; une terre argileuse donnée a absorbé deux fois plus d'acide silicique qu'une terre de jardin ; une autre terre de jardin a absorbé 2/5 de moins d'ammoniaque qu'une terre calcaire. Il est inutile de faire remarquer que plus est grande la faculté d'absorption d'une terre, la diffusion y est moindre. On peut dire que plus un principe nutritif est absorbé par une terre, moins il s'y diffuse. Ainsi, d'après le tableau précédent, si la diffusion de l'acide silicique dans une terre silico-argileuse est exprimée par 1, elle sera exprimée par 1,09 dans la terre de jardin A, par 1,31 dans la terre argileuse, par 2,43 dans la terre de jardin B et par 176 dans le terreau.

Même remarque pour la diffusion de l'ammoniaque ; si elle est égale à 1 dans la terre calcaire soumise à l'expérience, elle est égale à 1,70 dans la terre de jardin A, et à 2,12 dans la terre argileuse.

Enfin, si dans la terre argileuse la diffusion de l'ammoniaque est 1, celle de la potasse est 1,10 et celle du phosphate de chaux est 2,36.

Le pouvoir absorbant d'une terre et la diffusion que les substances nutritives y éprouvent, sont les deux principaux termes des problèmes agricoles les plus difficiles à résoudre, et c'est encore par ces deux notions que l'on parvient à se rendre compte de plusieurs phénomènes étranges.

Ainsi, pour qu'il n'y ait pas d'équivoque sur l'interprétation du tableau ci-dessus, disons que si, par exemple, sur un décimètre carré de la terre n° 1, on répand 1,360 milligrammes de potasse, cette substance pénétrera jusqu'à une profondeur d'un décimètre et rien de plus ; chaque centimètre cube de cette terre recevra donc 1 milligramme 36 de potasse jusqu'à la profondeur d'un décimètre, la couche qui viendra après n'en recevra pas, ou bien elle en recevra une quantité insignifiante.

Figurons-nous maintenant que dans une terre argileuse comme celle du n° 2, qui absorbe pour chaque décimètre cube 1,098 milligrammes de phosphate de chaux, il existe de petits fragments épars de ce composé, et que l'un d'eux pèse 22 milligrammes ; supposons que, durant un certain laps de temps, ce petit fragment se dissolve peu à peu dans l'eau chargée d'acide carbonique et qu'il se diffuse dans la terre qui l'entoure, la portion qui s'en trouvera saturée sera de 20 c. cubes et, comme le phosphate de chaux se dissout d'autant plus rapidement qu'il présente le plus de surface au dissolvant, on conçoit que si le petit fragment venait à être réduit en poudre fine, sa dissolution serait plus rapide, attendu que l'eau chargée d'acide carbonique agirait sur une plus grande surface de phosphate de chaux.

Ce que je viens de dire prouve une fois de plus que les engrais qui doivent trouver leur dissolvant dans le sol, seront d'autant plus efficaces qu'ils seront plus divisés. Aussi n'y a-t-il pas de comparaison à faire entre le phosphate fossile granuleux et celui qui est finement pulvérisé ; pour la même raison, l'efficacité d'un engrais réduit à un grand état de division par des moyens mécaniques, sera infiniment moindre que celle d'un engrais qu'auront divisé des réactions chimiques. L'action énergique des perphosphates le montre surabondamment. Ces composés sont par eux-mêmes solubles, mais une fois introduits dans le sol, ils deviennent insolubles en vertu de réactions chimiques, ce qui ne les empêche pas d'agir plus promptement et plus énergiquement que tous les autres phosphates, quand même ces derniers seraient réduits à l'état impalpable.

Le faible pouvoir absorbant du terreau me suggère une réflexion sur l'emploi du fumier. Quand le fumier est pailleux, il donne naissance, en se décomposant dans le sol, à de l'acide carbonique et à du silicate de potasse ; mais justement parce qu'il est pailleux, il doit augmenter la diffusion de ce dernier composé, pour

la raison que les substances végétales absorbent très-peu
de silice. Toutefois, il ne faut pas croire que le pouvoir
absorbant de toutes les terres pour la silice soit d'autant moindre que celles-ci sont plus riches en débris
végétaux. Quand un sol est par lui-même riche en
silice hydratée, il en absorbera toujours moins que
celui qui en sera pauvre, quand même ce dernier
serait abondamment pourvu de substances organiques.
Cette observation peut être étendue à tous les principes
que la terre arable absorbe. Il est de la dernière
évidence que de deux terres identiques, à cela près que
l'une d'elles contient un peu d'ammoniaque, celle qui
en est dépourvue absorbera beaucoup plus de ce composé que l'autre.

La connaissance de la faculté absorbante respective
de deux terres arables ne peut servir pour apprécier
ni leur qualité ni leur richesse en principes nutritifs.
Elle nous dit seulement que dans une terre, les éléments nutritifs se répandent plus loin que dans une
autre terre où ils rencontrent de plus grands obstacles
à leur diffusion. Mais lorsqu'on a bien compris en quoi
consiste la diffusion des principes nutritifs, et que l'on
s'est persuadé que les bons effets de ces derniers sur la
végétation dépendent moins de leur quantité que de leur
forme, on s'explique pourquoi souvent une terre beaucoup moins riche qu'une autre n'est pas moins productive.

Ce que je viens de dire est trop capital pour que je ne
tâche pas de vous le faire comprendre de manière à
dissiper toute sorte de doute.

Si l'on mêle intimement un décimètre cube de terre argileuse fertile avec neuf décimètres cubes de sable siliceux, on peut s'imaginer que les particules argileuses entourant chaque grain de sable, offrent aux racines une surface égale à celle que leur offrirait dix décimètres cubes d'argile; de façon que celle-ci, tout en conservant sa masse, n'offrirait pas moins aux racines dix fois plus de points de contact. Dès lors, si chaque particule argileuse peut céder la même quantité de nourriture, on conçoit que les plantes se nourrissent aussi bien dans l'argile que dans le mélange, quoique ce dernier soit dix fois moins riche en éléments nutritifs que l'argile.

Il nous sera maintenant facile de nous expliquer pourquoi la meilleure des terres arables, la terre qui rémunère le plus les soins qu'on lui prodigue, est celle dont les principaux éléments constituants (sable et argile) se trouvent dans de telles proportions que l'un d'eux ne l'emporte pas notablement sur l'autre.

Ainsi nous savons que la terre sableuse, possédant un très-faible pouvoir absorbant pour la potasse, l'acide phosphorique, l'ammoniaque et la silice, permettra à ces principes, mieux que la terre argileuse, de se répandre au loin et de présenter de cette manière une ample prise aux racines; en effet, en vertu de son pouvoir absorbant considérable, la terre argileuse retiendra ces mêmes principes près de la surface et les condensera dans une couche relativement peu épaisse. Il doit résulter de cette connexion, entre le pouvoir absorbant d'une terre et l'élément argileux ou sableux qui y domine, qu'à fertilité égale, le sol sableux sera plus promptement épuisé que le sol argileux. Le rétablissement et l'entretien de la fertilité dans un sol sableux sont bien vite effectués par les fumures souvent répétées, mais très-peu ou point par les labours, dont les effets sont pourtant si remarquables dans un sol argileux ; celui-ci, s'épuisant avec lenteur, trouve dans l'action que la charrue exerce sur lui un moyen de reprendre sa puissance productive, puisque la division, l'émiettement, l'augmentation de perméabilité pour l'eau et pour l'air que détermine l'instrument, augmentent l'assimilabilité des principes nutritifs qu'il renferme encore.

Je dois vous rappeler que la terre arable ne se compose pas seulement de silice et d'argile ; l'élément végétal ou humique en fait toujours partie. Il importe donc, pour compléter nos idées, que nous examinions quelle est la part d'influence que l'on doit attribuer à la présence de ce principe sur la diffusion des éléments nutritifs dans le sol.

Je vous ai déjà dit que plus il y a de débris végétaux dans la terre arable, moins elle absorbe de silice. C'est le contraire pour l'ammoniaque. Plus les terres sont riches en matières végétales, plus grande est leur faculté d'absorption pour l'ammoniaque ; d'où cette conséquence importante que les engrais ammoniacaux, tels que le guano du Pérou, les composts renfermant des sels ammoniacaux, et les sels ammoniacaux eux-mêmes, ne peuvent enrichir d'azote la terre qu'à une faible profondeur. Ainsi, pour saturer d'ammoniaque un hectare de la terre argileuse

n° 2 de notre tableau, jusqu'à la profondeur d'un décimètre, on devrait y introduire soit 2,600 kil. d'ammoniaque pure, soit 10,000 kil. de sulfate d'ammoniaque,
qui est le sel ammoniacal le plus répandu dans le commerce ; et lorsque, en croyant la fumer avec largesse, on
lui donnerait tout d'un coup 800 kil. de guano dosant
10 0/0 d'ammoniaque, on lui fournirait, en définitive,
la 30e partie seulement de ce qui lui serait nécessaire
d'ammoniaque pour en être saturée jusqu'à la profondeur
d'un décimètre ; ce qui revient à dire que l'épaisseur
de la couche entièrement saturée d'ammoniaque, par
l'emploi de 800 kil. d'excellent guano, ne dépasserait
pas 3 mill. 1/3. Cet exemple met en évidence l'importance et la nécessité des labours, car, pour être entièrement nourries, les plantes demandent seulement que
leurs racines soient en contact avec une certaine quantité de terre saturée. Or, les labours, en amenant des
particules terreuses chargées de principes nutritifs aux
endroits appauvris par une récolte précédente, remplissent la condition nécessaire à la réussite de la nouvelle récolte.

Supposons que dans le rendement moyen d'un hectare de froment (grain et paille), il y ait 52 kil. de
potasse, 26 kil. d'acide phosphorique et 54 kil. d'azote, ce
dernier fourni entièrement par le sol, en tout 132 kilogrammes ; les plantes de froment, croissant sur un mètre
carré de cet hectare, absorberont la 10 millième partie
de ce total ou 13 grammes 2 décigr. Si l'on applique ce
que je viens de dire à la terre argileuse de notre tableau,
terre dont le coefficient d'absorption pour les différents

principes nutritifs nous est connu, on arrive à ce résultat que, pour réintégrer ce que la récolte a enlevé à un mètre carré de notre hectare, il suffira d'y introduire 2 décimètres cubes 1/2 de terre argileuse saturée.

Si vous avez bien saisi l'exemple que je viens de vous donner, vous conclurez que ce ne sont pas les engrais, tels que nous les introduisons dans le sol, qui fertilisent, mais bien la terre qui s'en est pénétrée en les décomposant. Vous conclurez aussi que, dans quelques cas, certaines matières peu actives par elles-mêmes peuvent rendre d'importants services comme excipient, comme véhicules des principes nutritifs, en en facilitant la répartition dans le sol.

Si la main-d'œuvre n'était pas un sérieux obstacle, ne vaudrait-il pas mieux, au point de vue d'une bonne répartition, stratifier avec la terre le fumier consommé, en en faisant une sorte de compost, plutôt que de l'introduire directement dans le sol, surtout si le sol était léger? Admettons qu'un mètre cube de fumier renferme 330 kil. d'eau, 3 kil. de potasse et 6 kil. d'ammoniaque : si on le mêle avec un mètre cube de terre, pouvant absorber, pour chaque décimètre cube, 3 gr. de potasse et le double d'ammoniaque, on obtiendra, après la dessiccation et la décomposition complète des substances organiques, 1 mètre 1/4 cube d'une terre complètement saturée de tous les principes nutritifs du fumier, dont la répartition uniforme, surtout dans un sol léger, sera bien autrement facile que celle du fumier à son état naturel.

Il n'en sera pas autrement quand il s'agira d'un sol

compacte, si au lieu de l'arroser avec du purin on le fume avec de la tourbe saturée de ce liquide.

Les cultivateurs qui peuvent disposer de tourbe, et qui ne l'utilisent pas, comme absorbant du purin, ne connaissent pas une des meilleures ressources de l'agriculture. Déposez une couche de tourbe légère d'un mètre de hauteur sur le fond d'une fosse à fumier, ayant 100 mètres carrés de surface, et faites-y arriver tout le purin de vos étables, vous vous ménagerez ainsi 100 mètres cubes de fumier qui excellera pour entretenir la fertilité d'un sol compacte. Allons plus loin et disons, sans hésiter, que dans les années de disette de litière rien ne peut mieux la remplacer que la terre qui, par sa facile répartition dans le sol, offrira une sorte de compensation au défaut de silicate de potasse que l'on trouve seulement dans la paille. Du reste, on a remarqué depuis longtemps que, toutes choses égales d'ailleurs, le champ qui a été fumé directement avec du fumier, offre de plus grandes différences entre plante et plante que celui qui a été fumé avec des composts bien faits, contenant une quantité d'engrais équivalente à celle de l'autre champ. Il ne faut pas oublier que le fumier d'étable est un mélange très-inégal de paille, de débris végétaux et d'une quantité relativement petite d'excréments solides, le tout imprégné de liquides tenant en dissolution de l'ammoniaque et de la potasse. Si l'on prélève, sur cinquante endroits différents d'un tas de fumier, cinquante échantillons, on n'en trouvera pas deux qui à l'analyse présentent la même composition. Voilà donc une preuve de la non homogénéité du fumier et de l'impossibilité d'en distribuer uniformément dans le sol les principes nutritifs qu'il renferme.

Quand il s'agit de rendements de la terre, il est si difficile de reconnaître la liaison entre la cause et l'effet, que peu de cultivateurs possèdent une idée nette de ce qui détermine la fertilité. Ce que je vais vous dire développera mieux ma pensée. Une société agricole, voulant essayer les perphosphates, introduisit dans une bande de terre 657 kil. 4 de cet engrais, dans lequel il y avait 241 kil. d'acide phosphorique, puis on la sema en blé, ainsi qu'une autre bande pareille n'ayant reçu aucun engrais.

Voici quelle fut la récolte :

	grain	paille
1re bande fumée........	1,301 kil.	3,813 kil.
2e bande non fumée	644	1,656

Cependant la terre abandonnait à l'acide chlorhydrique étendu et froid une quantité telle de phosphate de chaux que, calculée pour un hectare, elle s'élevait à 5,170 kil.

La quantité d'acide phosphorique que la plante avait fixé dans le grain et la paille sur la pièce fumée était de 17 kil. 1/2 ; celui fixé sur la pièce non fumée était de 8 kil. La fumure qui contenait 241 kil. 4 d'acide phosphorique produisit donc un surcroît de 9 kil. 5 de cet acide, c'est-à-dire la 25e partie de la quantité qu'elle renfermait. Sur cent cultivateurs qui connaîtront ces faits, quatre-vingt-dix-neuf ne sauront probablement pas les expliquer.

En effet, pourquoi le blé de la terre non fumée n'a-t-il absorbé que la 300e partie de l'acide phosphorique contenu dans le sol, tandis que le blé de la terre fumée en a emprunté à l'engrais la 25e partie ? Est-ce que l'acide phosphorique de l'engrais était 12 fois plus actif ou plus assimilable que celui de la terre ? Et s'il était 12 fois plus assimilable, pourquoi le blé en a-t-il pris seulement 9 kil. 5, lorsqu'il aurait pu en prendre bien davantage ?

Voici l'explication de ces apparentes anomalies : Il faut d'abord ne pas oublier que l'acide phosphorique, sous la forme de perphosphate, a été donné au champ tout entier, et non pas seulement à la plante. Si l'on avait pu pourvoir chaque racine de la quantité d'acide phosphorique qui lui était nécessaire pour le surcroît du rendement, on aurait pu n'employer que 9 kil. 5 d'acide phosphorique au lieu de 241. Pour mettre la plante à même d'atteindre une partie d'acide phosphorique, il a fallu en introduire dans la terre une quantité 25 fois plus forte. Quant à l'action en apparence plus énergique de l'acide phosphorique de l'engrais que de celui du sol, on l'explique en tenant compte du coefficient d'absorption de la terre, coefficient qui, pour le cas particulier de l'expérience, s'est trouvé correspondre à 976 milligrammes de phosphate de chaux par décimètre cube. Mais chaque décimètre carré, en recevant 657 milligrammes de perphosphate de chaux, a absorbé 525 milligrammes de phosphate de chaux pur, quantité suffisante pour saturer complètement la terre jusqu'à la profondeur de 5,4 centimètres. Cette épaisseur s'est donc trouvée enrichie à peu près à son maximum de phosphate de chaux assimilable ; par conséquent, rien de plus naturel que son action sur la végétation du blé ait été plus énergique que celle de l'acide phosphorique propre au sol. Concluons que la puissance d'absorption du sol est la cause pour laquelle les produits des terres fumées sont plutôt en rapport avec les principes nutritifs des engrais qu'avec ceux préexistant dans le sol arable ; c'est pourquoi une faible quantité d'engrais agit d'une manière si efficace sur l'augmentation des produits, surtout dans la culture des plantes, dont les racines ne s'éloignent pas beaucoup de la surface.

Fort de ces connaissances, on peut se rendre compte de plusieurs faits culturaux qui ont paru des mystères à nos devanciers et qui ne trouvent même pas aujourd'hui une facile explication auprès de la grande majorité des cultivateurs.

Ainsi, les bons effets du pralinage et l'application des engrais dans les raies, lors des semis en lignes, ne doivent plus nous étonner, puisque nous savons qu'ils dépendent de ce que la région des racines, se trouvant beaucoup plus enrichie de principes nutritifs que tout le reste de la terre ambiante, offre à ces mêmes racines une abondante nourriture tant que leurs spongioles y séjourneront. Nous ne serons pas étonnés non plus de ce fait, en apparence si étrange, que certaines plantes, absorbant une forte somme de principes nutritifs, réussissent très-bien dans le même sol où d'autres plantes languissent, quoique moins exigeantes. Mais si l'on compare entr'elles les racines de ces plantes, on trouvera que les unes sont très-longues et très-développées, tandis que les autres sont courtes et ne peuvent trouver de nourriture que dans un petit volume de terre.

Sans vouloir admettre que tous les phénomènes culturaux soient susceptibles d'explication, je dirai néanmoins que, dans la plus grande partie des cas, ils cesseront d'être des énigmes pour le cultivateur qui connaîtra les propriétés physiques de sa terre, et principalement la faculté d'absorption ; pour le cultivateur qui n'ignorera pas la nature et la quantité des cendres des récoltes, et qui tiendra compte de la structure, de la forme et du volume des racines des plantes qu'il cultive ; si aux notions précédentes l'agriculteur ajoutait celles qui lui permettraient de découvrir les causes de l'épuisement du sol, la lumière se ferait dans son esprit, et son art ne lui présenterait plus tous ces obstacles qui en rendent l'exercice toujours très-difficile, quelquefois ruineux.

Le mot épuisement appliqué à la terre arable n'implique pas, pour le cultivateur, l'idée de stérilité, mais celle de rémunération insuffisante. Ainsi, le sol qui ne produit plus assez de blé pour assurer un bénéfice est considéré comme étant épuisé. Cependant, si la culture du froment n'y est plus rémunératrice, celle du seigle peut l'être fort bien, je dirai même celle de l'avoine, bien que cette dernière céréale enlève au sol un quart de plus de principes fixes nutritifs que le blé, et 7/10ᵉˢ de plus que le seigle. Cela semble une anomalie, mais ce que je vais dire montrera que c'est l'effet d'une loi indéclinable.

Supposons qu'un hectare de terre, dans l'épaisseur de 25 centimètres, contienne 25,000 kil. de principes fixes parfaitement assimilables par les céréales, c'est-à-dire 100 fois plus qu'il n'en faut à une récolte moyenne de froment (2,000 kil. grain, 5,000 kil. paille).

A la première récolte de blé, cette terre perdra 1/100ᵉ de sa provision, et comme nous admettrons qu'elle aura été labourée et mélangée pour une récolte successive, celle-ci trouvant la nourriture diminuée d'un 100ᵉ se réduira dans la même proportion. La 2ᵉ récolte sera seulement de 1,980 kil. de grain et de 4,950 kil. de paille ; de façon qu'après 30 récoltes, la nourriture assimilable renfermée dans le sol ne sera plus que de 18,492 kil. Si l'on n'a rien restitué au sol pendant cette période, on conçoit qu'à la 31ᵉ année, le rendement soit inférieur d'un quart à une récolte moyenne, puisque la provision se trouve partout réduite au 3/4 ; dès lors, il n'est plus rémunérateur, ce que l'on exprime en disant que la terre est épuisée, quoiqu'elle renferme encore 74 fois plus d'éléments nutritifs que n'en exige annuellement une récolte moyenne.

Mais si la terre ne peut plus produire de blé avec bénéfice, elle produira une bonne récolte de seigle (1,600 kil. de grain, 3,800 kil. de paille), attendu que cette céréale s'assimile seulement 180 kil. de principes fixes, au lieu de 250 comme le blé. Et le rendement du seigle, tout en diminuant d'année en année, n'y mettra pas moins de 28 ans pour descendre aux 3/4 d'une récolte moyenne. A ce moment, le sol se trouvera épuisé par rapport à la culture du seigle, tout en renfermant encore 13,869 kil. de principes fixes nutritifs assimilables.

Le sol, qui ne paie plus suffisamment la culture du blé ni celle du seigle, peut encore rémunérer celle de l'avoine; cela paraît extraordinaire, attendu qu'une récolte moyenne de cette céréale (2,000 kil. graine, 310 kil. paille) enlève à la terre 310 kil. de principes fixes, ce qui est supérieur à la quantité absorbée par le seigle, comme 2,23 l'est à 1. On ne peut faire disparaître cette anomalie qu'en admettant que la surface absorbante des racines de l'avoine est deux fois et un quart plus grande que celle du seigle. Quoi qu'il en soit, le fait est certain : la terre qui ne rémunère plus la culture du seigle peut encore rémunérer celle de l'avoine, céréale dont le rendement, dans les conditions hypothétiques où nous nous sommes placé, ne descendra au 3/4 de la récolte moyenne qu'au bout de 13 ans moins un quart.

En résumé, un sol contenant, dans l'épaisseur de 25 centimètres, 25,000 kil. par hectare de principes fixes assimilables par les céréales, continuera, pendant plus de 70 ans, à donner des rendements rémunérateurs, si, après 30 récoltes de blé, on en fait suivre d'abord 28 de seigle et puis un peu moins de 13 d'avoine, et si, après chaque récolte, on le laboure de manière à répartir également, dans toute la couche arable, les principes fertilisants qu'il renferme encore.

Si vous avez bien saisi la signification de l'exemple

idéal que je viens de vous donner, vous comprendrez comment il aurait été possible d'obtenir, pendant 70 ans, toujours des récoltes rémunératrices de blé, si l'on avait conjuré l'épuisement, en remettant dans le sol autant de principes fixes assimilables que les récoltes enlevaient au fur et à mesure. Et en vous transportant, par la pensée, dans le domaine de la réalité, vous vous expliquerez ce fait, en apparence si étrange et pourtant si naturel, d'un sol qui, sans engrais et rien que par des labours annuellement répétés, puisse, pendant très-longtemps, donner toujours de bonnes récoltes de blé, ainsi que nous l'avons vu à Lois-Weedon.

Effectivement, si dans notre champ idéal, riche de 25,000 kil. de principes fixes assimilables, il y avait plusieurs kilogrammes d'acide phosphorique sous la forme *d'apatite*, autant de silice et de potasse sous la forme de feldspath décomposable ; si tous les ans, en vertu des labours et sous l'influence des agents atmosphériques, il se décomposait une quantité d'apatite et de feldspath suffisante pour réintégrer dans le sol la portion de ces mêmes principes que la récolte précédente aurait enlevés, il est évident qu'il n'y aurait pas de raison pour que les récoltes diminuassent, tant qu'il y aurait de l'apatite et du feldspath à se décomposer dans le sol. Et si la décomposition de ces deux minéraux n'était pas assez prompte pour subvenir chaque année à l'appauvrissement produit par la récolte précédente, la jachère préviendrait l'amoindrissement des rendements, en réduisant le nombre des récoltes.

Voyons maintenant de quelle manière on pourrait reculer l'épuisement de notre champ idéal, sans avoir recours ni à la jachère, ni à la présence de roches décomposables.

Supposons qu'on récolte non pas la plante entière du blé, mais seulement la graine ; dans ce cas, la perte éprouvée par la terre se trouvera sensiblement réduite, puisque les principes fixes de la paille sont de même nature que ceux de la graine, à cela près que leurs proportions respectives sont différentes. Par la comparaison des cendres de la paille et des graines, on est autorisé à admettre que la perte éprouvée par le sol serait diminuée d'un tiers, d'où il résulterait que la récolte suivante serait un peu plus abondante en graines que si l'on avait enlevé la paille, puisqu'une partie des éléments de celle-ci aurait concouru à leur formation. Quant à la paille, son rendement ne changerait pas, les conditions de sa production étant restées à peu près les mêmes.

Si au lieu de laisser la paille en terre, on l'avait enlevée pour en faire de la litière, et puis qu'on l'eût rendue à la terre sous cette dernière forme, le résultat n'aurait pas été différent et la période d'épuisement aurait été reculée.

Si au lieu de récolter la plante entière du blé, on l'avait enterrée, ou bien si l'on avait récolté la graine seulement, et puis que l'on eût introduit dans le sol son équivalent en tourteaux de colza, par exemple, la composition du sol serait restée la même, et l'on aurait obtenu le même rendement l'année suivante.

Mais quand chaque année on restitue la paille à la terre, sous la forme de litière, et non la graine sous une forme quelconque, il en doit résulter un changement dans la proportion des éléments nutritifs que contient la couche arable; les conditions exigées pour le développement de la paille se conserveront, et celles d'où relève la formation des graines deviendront de moins en moins favorables. Il arrivera alors que les graines diminueront désormais en qualité et en quantité, ce qui sera indiqué par la diminution de poids de l'hectolitre.

Il n'en sera pas autrement si l'on prétend prévenir l'épuisement du sol rien qu'avec du fumier. Ceci vous paraît étrange, Messieurs, mais je m'engage à vous démontrer dans la séance prochaine qu'il en doit être ainsi.

HUITIÈME LEÇON.

Le fumier seul ne peut entretenir la richesse de la terre.

MESSIEURS,

Dire que l'entretien de la faculté productive du sol est impossible avec l'emploi exclusif du fumier d'étable, c'est dire une chose tellement en désaccord avec les idées les plus enracinées dans l'esprit de tous les cultivateurs, que pour en établir la justesse, il faut prendre quelques détours, tant la démonstration directe présente de difficultés.

Pour aborder le sujet principal de cette dernière séance, je me crois donc obligé de commencer par m'en éloigner.

Quelle que soit la terre que l'on considère, il est difficile, pour ne pas dire impossible, qu'elle contienne tous les éléments nutritifs des plantes dans les proportions nécessaires pour produire toujours de belles et abondantes récoltes. On peut dire que toute terre contient un *maximum* et un *minimum* d'un ou de plusieurs éléments nutritifs, et que le *minimum* seul règle et détermine l'abondance ou la durée des récoltes. Si ce minimum se rapportait, par exemple, à la chaux, les récoltes n'augmenteraient pas, quand même on fumerait avec cent fois plus d'acide phosphorique, de potasse et de silice qu'il y en aurait dans le sol; mais les récoltes augmenteraient par un simple chaulage. Cela explique pourquoi, dans les terres pauvres en potasse, quelques hectolitres de cendre de bois produisent plus d'effet qu'une grande quantité de fumier d'étable, et pourquoi ce dernier engrais, quoique renfermant tous les principes qui servent à nourrir les végétaux, produit néanmoins des effets si différents : c'est que, pour rétablir la fertilité, il importe moins de se servir d'un engrais complet que d'un engrais dans lequel abonde ce qui fait défaut dans le sol.

Sur deux champs possédant le même excédant en éléments de paille, mais inégalement riches en éléments de grain, la même quantité de fumier d'étable produira des rendements de grain très-inégaux, et n'exercera aucune influence sur les rendements de la paille, ce qui revient à dire que le résultat aurait été le même si, au lieu de fumier, l'on s'était servi d'acide phosphorique sous la forme de phosphate.

Si une terre pauvre en potasse donne une bonne récolte de racines à la suite d'une abondante application de fumier, c'est uniquement parce que le fumier renferme de la potasse, et non pas parce qu'il est un engrais complet. Ce que je viens de dire est applicable à tous les aliments des végétaux, aliments que l'on trouve tous réunis dans le fumier, et le rendent par cela même le plus commode de tous les engrais. Mais est-il aussi le plus économique? Employé à l'exclusion de tous les autres engrais, ne pourrait-il pas tôt ou tard présenter des inconvénients? Peu d'agriculteurs se sont fait ces questions, et encore moins ont tenté de les résoudre. Cependant il tombe sous le sens que si, au commencement d'une rotation, un hectare de terre, pour récupérer sa fertilité, a besoin seulement de 80 kilog. d'acide phosphorique, on dépensera davantage en lui donnant 40,000 kilog. de fumier, dans lequel se trouve cette quantité d'acide phosphorique, au lieu de le fumer simplement avec 80 kilog. de cet acide sous la forme de perphosphate. On me dira, je le sais, que les éléments superflus du fumier augmentent la richesse du sol et, par conséquent, sa faculté productive; mais je répondrai, sans hésiter, que ces éléments de richesse, on les paie à beaux deniers comptant, et ils ne rapportent rien; c'est un placement à intérêt perdu, car tout ce qui tend à augmenter le *maximum* des éléments nutritifs ne fera pas venir un grain de blé de plus.

Je connais toutes les difficultés pratiques que présenterait la substitution systématique d'engrais spéciaux au fumier. Pour que cela fût fructueusement possible, il faudrait que le cultivateur eût une connaissance exacte du sol qu'il exploite et des principes fixes que chaque récolte lui enlève. Or, cet ensemble de notions est étranger aux masses, si bien que l'on continuera encore longtemps à considérer le fumier comme l'agent réparateur le plus sûr, sans se douter que cette confiance a pour résultat de rendre paresseux l'esprit de celui qui en est pénétré. En effet, une fois convaincu que le fumier est la panacée universelle de l'agriculture, pourquoi s'efforcerait-on de le remplacer par d'autres engrais, quand même ceux-ci seraient aussi efficaces et moins coûteux que lui ?

Hâtons-nous d'ajouter, toutefois, que si la généralité des cultivateurs, aveuglés par l'ignorance, ne voient de meilleurs engrais que le fumier, pas un seul ne le gaspille, soit parce qu'il n'en est pas riche, soit parce qu'il se laisse diriger par l'observation de certains faits qu'il n'a pas l'habileté d'expliquer, mais qu'il a la sagesse d'accepter. Ainsi, lorsqu'un cultivateur fume très-inégalement deux champs qui lui donneront le même rendement, il accomplit un acte que le plus savant agronome ne désavouerait pas ; seulement les motifs déterminants de l'agronome auraient été tout autres que ceux du cultivateur ; celui-ci aurait été dirigé par des faits dont il ignore les causes, l'autre par des causes dont il connaît d'avance les effets. Le praticien agit ordinairement en vertu de l'impulsion qu'il reçoit des circonstances ; il obéit, sans le savoir, à des lois naturelles dont les manifestations varient selon les propriétés et la composition de la terre. C'est seulement lorsqu'il procède d'après sa propre volonté qu'il risque de se fourvoyer ; nous en avons la preuve dans les échecs fréquents qui sont la suite de l'adoption d'un assolement qui n'avait d'autres titres que celui de réussir chez le voisin.

« Une exploitation rurale n'est rationnelle, dit Lie-
» big, que lorsqu'elle est exactement adaptée aux pro-
» priétés et à la composition du sol, car ce n'est que
» quand celle-ci règle l'assolement ou la fumure que
» le cultivateur peut retirer de son travail et de ses
» capitaux le bénéfice le plus élevé. »

Je disais tout-à-l'heure que ce qui rend l'emploi du fumier très-commode, mais non pas toujours très-économique, c'est l'ignorance générale des propriétés du sol, ignorance qui force les meilleurs cultivateurs à procéder à tâtons et à n'adopter tel ou tel système de culture, tel ou tel assolement, qu'après une multitude d'essais souvent inutiles, presque toujours coûteux.

Cependant, serait-il si difficile pour les cultivateurs d'acquérir une connaissance suffisante des aptitudes de leurs terres pour les différentes espèces de cultures, et de déterminer non seulement les principes nutritifs qui s'y rencontrent *au minimum*, mais encore quels seraient les engrais le plus appropriés pour obtenir de beaux rendements? Je ne le pense pas, et je suis convaincu que des expériences faites en petit, même dans des pots placés en terre, apprendraient beaucoup plus que des analyses chimiques, toujours impuissantes à faire connaître les aptitudes du sol. Qu'il me suffise de vous dire que, d'après les chimistes, la fameuse terre noire de la Tschernosem, en Russie, dont la fertilité est proverbiale, renferme, dans une épaisseur de 25 centimètres, 800 à 1,000 fois plus de potasse qu'il n'en faut à une bonne récolte de betteraves, ce qui n'empêche pas qu'au bout de trois à quatre ans de cette culture, les rendements cessent d'être avantageux; ils ne le redeviennent qu'à condition de restituer à la terre la potasse que les récoltes précédentes ont enlevée.

Pourquoi ne parviendrait-on pas, par des expériences en petit, à déterminer le rapport de la graine à la paille dans la culture des céréales? Ce rapport, en poids, est comme 1 est à 2. Supposons que ce rapport, d'après une expérience faite sur une terre inconnue, soit comme 1 est à 3 : la conclusion à en tirer serait que les principes nutritifs producteurs de paille y sont plus abondants que ceux du grain, et que dans ce cas un engrais phosphaté serait le plus approprié. Si le rapport indiqué par l'essai était le meilleur, c'est-à-dire comme 1 est à 2, on en conclurait que, pour augmenter le rendement, il faudrait employer un engrais qui renfermât, dans des proportions convenables, les principes nutritifs producteurs de la paille et du grain, de façon que le rapport des deux produits restât le même, quoique leur rendement fût augmenté.

De pareils essais, non seulement seraient utiles pour le choix des engrais, mais encore pour la succession des cultures. En effet, dès que l'on a la preuve que, dans une terre donnée, les principes nutritifs prédominants sont ceux qui produisent de l'herbe, il serait absurde d'y cultiver des plantes granifères; mais elle pourrait être ramenée à donner de bons rendements de ces dernières par la culture préalable de pommes de terre, ou de topinambours, ou d'autres plantes auxquelles on ne demande pas de graines. Si à ces données on ajoute celle de la faculté absorbante de la terre que l'on considère, afin d'avoir une idée du rayon de productivité dont disposeront les racines, on réunira ainsi un ensemble de notions qui, en peu de temps et très-économiquement, révèleront les aptitudes du sol que l'on exploite.

Si vous avez bien saisi ma pensée, vous conclurez à la possibilité d'entretenir une certaine uniformité dans la composition du sol, mais qu'il est impossible d'y parvenir lorsqu'on dispose uniquement de fumier d'étable.

Après ces quelques considérations, nous allons étudier les modifications qu'un sol éprouve dans sa composition, et partant dans ses aptitudes, par l'application exclusive et continuelle du fumier.

Par la culture du blé, le sol s'appauvrit des éléments du grain que l'on vend ; on les lui restitue par les fumures ; mais, comme le fumier provient des fourrages, la restitution est vraiment effectuée par ceux-ci, dont une bonne partie des éléments est extraite des couches profondes du sous-sol que les racines des céréales n'atteignent pas.

Des principes nutritifs contenus dans les fourrages, un dixième environ reste dans le corps des animaux, tandis que les neuf dixièmes s'échappent sous la forme de déjections et deviennent partie constituante du fumier, dont la masse principale se compose de la paille qui a servi de litière.

Ainsi donc, au début d'une nouvelle rotation, la couche arable se trouve tout aussi riche qu'auparavant en éléments reproducteurs de paille, puisque, par le fumier, on rend généralement au sol toute la paille que celui-ci a produite pendant la rotation précédente. Ce n'est pas tout : la couche arable doit encore se trouver enrichie des neuf dixièmes des principes des fourrages, dont une partie a été tirée du sous-sol, attendu que ces neuf dixièmes se sont convertis en excréments, le dernier dixième ayant été exporté de la ferme sous forme de lait, de viande et de laine.

On voit donc que, par la culture soutenue exclusivement au moyen du fumier, les couches supérieures du sol doivent nécessairement s'enrichir d'une partie des principes nutritifs du sous-sol, lesquels principes faisaient partie du trèfle, de la luzerne, des racines, en un mot des plantes fourragères qui puisent leur nourriture dans les couches profondes de la terre cultivée.

Mais le dixième des fourrages qui se fixe dans les animaux et toutes les récoltes que le bétail n'absorbe pas ne retournent point au fumier, et si, par l'emploi exclusif de cet engrais obtenu dans la ferme, la fertilité de la couche arable paraît, non seulement se soutenir, mais encore augmenter, cela tient à des causes qu'il importe de bien saisir, sous peine d'être la victime d'une illusion.

Supposons un champ qui vient de donner une récolte de froment. Le grain est vendu et la paille est convertie

7

en fumier et rendue au même champ ; mais, comme le fumier contient les excréments des animaux, l'on peut admettre que dans ces excréments il y ait, et au-delà, l'équivalent de tous les principes qui se trouvaient dans le grain que l'on a porté au marché. Un champ peut donc, théoriquement du moins, continuer à donner du blé, si on le fume avec la paille de la récolte précédente, plus les excréments qui, unis à cette même paille, constituent le fumier.

Demandons-nous maintenant ce que sont les excréments. Ils représentent les fourrages consommés par les animaux, moins la portion qui s'est transformée en lait, en viande et en laine, portion que nous avons supposée équivaloir à 1/10e.

Et les fourrages, d'où viennent-ils? Ou ils sont fournis par des prairies annexées à l'exploitation, ou ils sont tirés des couches profondes du sol, sous la forme de racines, ou de trèfle, ou de luzerne, etc., etc.

Tant que le fumier provient de fourrages produits par des prairies, la fertilité d'un champ et ses rendements en blé peuvent se soutenir non seulement long-temps, mais encore indéfiniment. Ce dernier cas se présenterait, si la prairie appartenait à cette catégorie dont la fertilité est rendue inépuisable par des irrigations, ou par l'intervention naturelle et incessante de principes nutritifs lui arrivant du dehors. Excepté ce cas, qu'on ne rencontre pas souvent, voici ce qu'il en est lorsque le champ, qui produit continuellement du blé, est constamment fumé avec du fumier provenant de foin d'une prairie non exceptionnelle.

La fertilité du champ se conserve, tandis que celle de la prairie décroît. La richesse est déplacée, et inévitablement amoindrie. Il en est du champ à blé et de la prairie ce qu'il en serait de deux tonneaux remplis du même liquide, de l'un desquels on en tirerait chaque jour un certain nombre de litres, qu'on remplacerait par la même quantité de liquide puisée à l'autre tonneau. Celui-ci finirait par se vider, tandis que le premier resterait plein. Ce qui revient à dire que le champ à blé se maintiendrait fertile aux dépens de la prairie qui s'épuiserait. Inutile d'ajouter que le tour de s'épuiser arriverait pour le champ à blé, si l'on continuait à le cultiver en blé sans le fumer, de même que le tonneau entretenu plein se viderait à son tour dès qu'on continuerait à lui soutirer du liquide sans plus lui en rendre.

Supposons maintenant que le fumier ne provienne plus de la prairie, mais des racines et du trèfle qu'on aurait cultivés sur le même champ à blé, d'après la méthode d'intercalation. Dans ce cas, les éléments fixes des déjections des animaux qui, avec la paille du blé, constituent le fumier, seraient empruntés aux couches profondes du sol, au sous-sol si l'on veut mieux ; mais le résultat final ne serait pas différent de celui qu'aurait produit la prairie. Ici encore la richesse est déplacée ; on l'extrait du sous-sol pour la transporter dans la couche arable ; celle-ci produira du blé, tandis que le sous-sol s'épuisera. Les labours, quelque profonds qu'ils soient, ne parviendront jamais à réintégrer la richesse primitive, puisque, ayant vendu le blé, l'on a exporté de la ferme les principes nutritifs que le sous-sol lui a fournis.

Ainsi donc, une exploitation est destinée fatalement, dans un laps de temps plus ou moins long, à perdre sa fertilité, si l'engrais que l'on y emploie est formé exclusivement de fumier obtenu dans l'exploitation même. Quelque soit l'assolement, quelque parfaits que soient les instruments aratoires, quelque soignés que soient les labours, l'exploitation s'appauvrira chaque année de tous les principes fixes nutritifs qui font partie des bestiaux, du lait, du blé, en un mot de tout ce que l'on porte au marché.

Il convient de considérer cette question à un autre point de vue. Nous allons voir qu'abstraction faite de la non restitution au sol de ce qu'on lui enlève et de ses désastreuses et inévitables conséquences, nous allons voir, dis-je, que l'emploi exclusif du fumier implique des inconvénients qui amènent tôt ou tard la déchéance du sol arable.

Pour qu'une terre persiste à donner de bons rendements, il faut que les conditions de production restent les mêmes. Si ces conditions se modifient de telle sorte que les principes des rendements herbacés prédominent dans le sol sur ceux des rendements granifères, il est évident que, dans les récoltes, la paille l'emportera sur le grain.

Or, les conditions de production ne peuvent pas rester intactes dans une terre qui est constamment fumée avec du fumier, et de laquelle on tire des récoltes céréales.

Pour s'en convaincre, il suffit de remarquer que, sous le rapport de leur composition, les cendres du fumier se rapprochent de celles des fourrages autant qu'elles s'éloignent de celles des céréales.

En remplaçant dans le sol l'acide phosphorique d'une récolte de grain par l'acide phosphorique des fourrages convertis en fumier, on introduit forcément dans ce même sol une certaine quantité de potasse, de chaux, de magnésie, de silice, de façon qu'en continuant de la sorte, ces derniers éléments finiront par représenter le *maximum* de la fertilité, tandis que l'acide phosphorique représentera le *minimum*.

Mais nous avons dit ailleurs que les rendements sont réglés par celui des principes fertilisants que représente le *minimum*; donc c'est de l'acide phosphorique du fumier que dépendront les récoltes granifères, récoltes qui iront en s'amoindrissant, l'acide phosphorique s'amoindrissant lui-même à la suite des exportations du blé.

Toutefois, les rendements élevés ne diminueront pas tout de suite, quand même les signes de l'appauvrissement du sous-sol seraient des plus apparents, quand même, par exemple, le trèfle commencerait à manquer. En effet, si la couche arable a reçu à chaque rotation, par l'intermédiaire du trèfle et des racines, des éléments de grain en quantité supérieure à la perte occasionnée par la récolte du blé, elle peut devenir temporairement si fertile qu'elle fera illusion au cultivateur, qui croira à une durée que plus tard l'expérience démentira. Trompé par les apparences, il intercalera des cultures de plantes qui empruntent leur nourriture aux couches supérieures de la terre, telles que vesces, trèfle blanc, etc., etc., et tout en ayant un bon rendement de blé, il maintiendra en bon état son bétail. C'est ainsi qu'il se consolera des défaillances du trèfle et des racines, et il se persuadera de plus en plus que la couche arable de son champ est d'une richesse inépuisable. Cette persuasion deviendra d'autant plus profonde que peut-être le tas de fumier de l'exploitation sera plus volumineux que précédemment ; mais, comme le tas ne reçoit plus le supplément d'éléments nutritifs que le trèfle et les racines lui fournissaient jadis aux dépens des couches profondes, sa faculté de réintégrer la fertilité de la couche arable diminuera de jour en jour.

Malgré la fausse sécurité inspirée par des apparences trompeuses, le cultivateur finit par s'apercevoir que le décroissement des récoltes, qu'il avait d'abord considéré comme un fait accidentel, devient un fait permanent ; mais, comme il n'en soupçonne pas encore la véritable cause, il croit y remédier par le drainage, par de meilleures façons mécaniques, par un meilleur choix de plantes fourragères. C'est alors qu'il a recours à la luzerne, au sainfoin, au lupin, si tant est que la nature du sol le lui permette, et comme ces expédients répondent à son attente, il s'imagine avoir fait des progrès et continue de plus belle à croire qu'avec du fumier seul on peut perpétuer la fertilité du sol. Mais, tôt ou tard, il s'apercevra de son erreur, et si ce n'est pas à lui, ce sera à ses enfants que la réalité apparaîtra tout entière.

Ainsi, un système de culture fondé sur la production du fumier d'étable aboutit nécessairement à la déchéance du sol pour deux raisons : la première c'est que, par cette méthode, on méconnaît la loi de restitution, loi qui est la pierre angulaire de l'agriculture; la seconde c'est que le fumier ne restituant pas les principes que l'on exporte sous la forme de lait, de viande, de laine, de blé, l'équilibre entre les éléments fertilisants du sol se rompt, les conditions de production herbifère se multiplient, tandis que celles de production granifère diminuent.

Je prévois quelques objections. Comment se fait-il, direz-vous, que de si grands dangers ne soient entrevus que d'aujourd'hui? Pourquoi nos devanciers, qui ont cultivé la terre comme nous, ne s'en sont-ils jamais douté? N'est-il pas notoire que la terre est devenue plus productive depuis qu'on la cultive avec de meilleurs instruments et que l'on adopte des assolements plus rationnels que ceux d'autrefois!

Peu de mots me suffiront pour répondre. Tous nos efforts pour entretenir la fertilité du sol ne prouvent qu'une chose, c'est que, sans ces efforts, nos récoltes seraient insuffisantes, et que les terres léguées par nos pères étaient déjà fatiguées. Au Japon, où la terre est aujourd'hui aussi fertile qu'elle l'était il y a trente ou quarante siècles, on suit la routine traditionnelle : les fils ne labourent et ne fument ni plus ni moins que leurs pères. Les progrès dits agricoles y sont inconnus, et néanmoins les récoltes y sont toujours assez abondantes pour suffire non seulement à la population la plus com-pacte du monde, mais encore à l'exportation.

Les premiers défricheurs du sol américain crurent, en mourant, léguer à leurs fils des terres inépuisables, mais quelques siècles plus tard on s'aperçut de leur erreur.

Sur un sol vierge, on cultive blé sur blé, et quand les récoltes diminuent, on change de terre. L'augmentation de la population fait abandonner ce système, qui est remplacé par celui de la jachère ; mais la population augmente toujours et la jachère ne suffit plus. Alors on fait intervenir les fumiers, et pour cela on multiplie le bétail, et avec le bétail les prairies ; mais à la longue tout cela devient insuffisant ; la jachère, même fumée, est remplacée par les cultures fourragères. Lorsque celles-ci commencent à faiblir, on perfectionne les labours au moyen de meilleures charrues, on invente des machines qui diminuent le prix de revient des récoltes, on assainit le sol, et on fait de tout pour produire des fumiers. C'est ainsi que d'expédients en expédients les siècles s'écoulent et les récoltes se succèdent, sinon de plus en plus abondantes, du moins toujours rémunératrices.

De bonne foi, Messieurs, pourra-t-on jamais admettre qu'une mine devient plus riche parce que l'on trouve un bon procédé pour l'exploiter ? Il ne s'agit pas ici de savoir si, par des artifices plus ou moins savants, plus ou moins ingénieux, on parviendra à tirer de la terre, pendant des siècles, des récoltes rémunératrices ; il s'agit de savoir si la terre est par elle-même inépuisable, et si, en ne lui rendant pas ce qu'on lui emprunte, on ne finira pas par l'épuiser à jamais.

Que la terre ne soit pas inépuisable, personne n'en doute, puisque depuis longtemps on fume la terre pour en avoir des récoltes. Il est évident que l'idée de fumure implique celle de restitution; mais si l'on prouve que la restitution est incomplète, l'épuisement en sera une conséquence plus ou moins éloignée, mais inévitable.

D'un autre côté, il ne faut pas croire que les causes d'épuisement aient toujours été les mêmes et toujours également intenses. Aujourd'hui l'agriculture européenne est principalement fondée sur la production des céréales; autrefois, si l'on en excepte l'Italie, elle était fondée sur la production de la viande. Le baron de Bibra nous apprend que, dans les domaines impériaux de Charlemagne (il y en avait presque par toute l'Europe), pour un hectolitre de farine, on trouvait des centaines de jambons, et que le millet y était plus commun que le blé. Il est évident qu'une agriculture (si tant est qu'elle mérite ce nom), fondée sur l'élevage du bétail, ne peut pas être épuisante comme celle qui est fondée sur la production du froment. Il n'y a donc rien d'étonnant que des siècles se soient écoulés sans que les agriculteurs aient eu à se préoccuper de ce qui nous préoccupe à un si haut degré aujourd'hui.

Mais la moyenne des récoltes en blé s'est élevée, me dira-t-on! Je ne le nie pas, seulement je dirai que cette augmentation n'a réellement lieu que dans les contrées où les fumures ne se composent pas seulement du fumier d'étable et où l'on fait un ample usage d'autres engrais. Voyons un peu si le fait est exact là où le fumier seul est chargé d'entretenir la fertilité et les rendements.

Le baron de Liebig nous fournit un document d'une extrême importance pour cette question.

La Hesse rhénane possède un excellent sol à froment et est habitée par une population laborieuse, active, généralement instruite. Avant 1833, on considérait dans cette contrée comme une récolte moyenne de blé celle qui rendait 26,6 hectolitres par hectare. Or, d'après les statistiques officielles de 1833 à 1847 (période pendant laquelle le guano n'était pas encore employé en Allemagne, et l'usage de la poudre d'os encore très-borné), la récolte moyenne n'a pas dépassé les 21 hectolitres.

Les terres à froment de la Hesse rhénane, une des contrées les plus fertiles de l'Allemagne, ont donc perdu, dans l'espace de quinze ans, un peu plus d'un cinquième de leur puissance productive. Je ne doute pas que le résultat n'eût été le même en France, si l'on avait limité les observations statistiques aux terres exclusivement fumées avec le fumier créé dans l'exploitation.

La donnée que nous fournit le froment trouve, pour ainsi dire, une sanction dans la moyenne du rendement du seigle, pour la même période de quinze années ; cette moyenne, toujours pour la Hesse rhénane, a été de 1/25 au-dessous de l'unité, et si l'on réfléchit que dans presque toute l'Europe la culture du seigle augmente, tandis que celle du blé diminue, on en aura assez pour conclure à l'abaissement de niveau de la fertilité des terres à blé. Cela ne veut pas dire, Messieurs, que la terre, dans un temps plus ou moins prochain, va être frappée de stérilité : la terre continuera à produire du blé, mais point avec bénéfice. Voilà ce qu'il faut bien comprendre pour éviter un malentendu ; mais comme l'agriculture actuelle est fondée sur la production du blé, en admettant la diminution inévitable de cette céréale, on admet implicitement la détérioration de l'agriculture telle qu'on la pratique généralement aujourd'hui en Europe.

Je soutiens qu'au point de vue où nous nous sommes placés, le fumier n'est pas un engrais aussi complet qu'on le prétend, puisque la *restitution* par son moyen n'est pas complète ; d'ailleurs, le bétail étant hors de proportion avec le blé, le fumier dont l'agriculture dispose est insuffisant. Les engrais qui pourraient remplacer le fumier pour combler la lacune que laisse le défaut de sa production n'offrent pas une aussi grande sécurité qu'on veut bien le croire. Le guano va finir dans quelques années ; les guanos artificiels et leurs congénères sont produits en trop petite quantité pour que l'agriculture ait à compter sérieusement avec eux : les phosphates fossiles ! Sans doute ils reculeront le danger, mais ils ne nous sauveront pas ; et encore, les phosphates ne nous donneront que de l'acide phosphorique, mais point de potasse, point de magnésie, deux principes aussi nécessaires au blé que l'acide phosphorique lui-même. D'ailleurs, ne croyez pas, Messieurs, que les gisements des nodules soient inépuisables. Si dans quelques siècles on ne trouvera plus de houille, pourquoi y aurait-il toujours des phosphates fossiles ? Au surplus, lorsque le monde entier en voudra, croyez-vous que le prix n'en deviendra pas relativement excessif?

Que conviendra-t-il de faire dans ces conjonctures? Je ne vois qu'un moyen. Puisque la cause de l'appauvrissement du sol tient à l'exportation du blé et du bétail des exploitations où ils ont été produits; puisqu'en définitive ces denrées, après avoir servi de nourriture à l'homme, deviennent du *fumier humain*, utilisons ce produit, au lieu de le laisser s'en aller à la mer, ajoutons-le au fumier animal, et dès lors il nous sera facile de rendre complètement au sol ce que nous lui enlevons par les récoltes exportables. Que l'Europe entière imite certaines populations du continent qui attachent aux déjections humaines la même importance que nous attachons au fumier ordinaire, au guano, aux phosphates; alors le danger sera conjuré. Nous pourrons, comme les Japonais et les Chinois, être rassuré sur les subsistances de nos descendants, et dès ce moment l'édifice de notre société se trouvera assis sur une base qu'il ne sera pas facile d'ébranler.

On aspire à l'immortalité, en faisant des travaux prodigieux pour faciliter les relations entre peuple et peuple, en embellissant les villes jusqu'à la splendeur. Est-ce que l'immortalité ne serait pas également acquise et d'une manière incontestable à la nation qui

ferait de grands sacrifices pour assurer les subsistances à sa postérité, en érigeant des monuments gigan-
tesques dont le but serait de mettre à la disposition de
l'agriculture une richesse qui, aujourd'hui, va s'en-
fouir dans les abîmes de l'Océan?

F. M.

TABLE DES MATIÈRES.

Rennes, typ. Ch. Oberthur.